"行走河南·读懂中国"系列丛书之传统村落

YUXI LING SHANG RENJIA
——LUONING CAOMIAOLING MINJU

豫西岭上人家

——洛宁草庙岭民居

宗迅　朱丽博　皇甫妍汝　——著

河南大学出版社
HENAN UNIVERSITY PRESS
·郑州·

图书在版编目（ＣＩＰ）数据

豫西岭上人家 ：洛宁草庙岭民居 / 宗迅，朱丽博，
皇甫妍汝著．-- 郑州 ：河南大学出版社，2022.4
ISBN 978-7-5649-5086-6

Ⅰ．①豫… Ⅱ．①宗… ②朱… ③皇… Ⅲ．①民居－
建筑艺术－研究－河南 Ⅳ．① TU241.5

中国版本图书馆 CIP 数据核字（2022）第 057907 号

策　　划	靳开川
责任编辑	靳开川　韩　璐
责任校对	高枫叶
装帧设计	高枫叶

出　　版　河南大学出版社
　　　　　地址：郑州市郑东新区商务外环中华大厦 2401 号　　邮　编：450046
　　　　　电话：0371-86163953（数字出版部）
　　　　　　　　0371-86059701（营销部）
　　　　　网址：hupress.henu.edu.cn
印　　刷　河南瑞之光印刷股份有限公司

版　次	2022 年 4 月第 1 版	印　次	2022 年 4 月第 1 次印刷
开　本	787 mm×1092 mm　1/16	印　张	16.75
字　数	216 千字	定　价	168.00 元

总　序

近年来，人们常常提到"乡愁"这个词，如"淡淡乡愁""记住乡愁""唤起乡愁""留住乡愁"，如此等等。显然，人们已把乡愁与殷殷的桑梓之情或割舍不断的精神家园联系在了一起，使其成为中华文化根系的重要表征之一。

那么，这种种乡愁具体表现于哪些方面呢？"唯有门前镜湖水，春风不改旧时波"（贺知章《回乡偶书二首》），这是关乎自然环境的；"君自故乡来，应知故乡事。来日绮窗前，寒梅著花未？"（王维《杂诗三首》其二）这是对故园人、事的追忆；"露从今夜白，月是故乡明"（杜甫《月夜忆舍弟》），这是自古传承的审美意象；"遥夜人何在，澄潭月里行。悠悠天宇旷，切切故乡情"（张九龄《西江夜行》），这是从月夜起兴而至内在情感的直抒；还有"家在梦中何日到，春生江上几人还？川原缭绕浮云外，宫阙参差落照间"（卢纶《长安春望》），则是对故乡城池、建筑及形貌的记叙与抒写。由此观之，乡愁是一种浓重沉郁、温婉绵长的情愫，它既无形又有形，既内在亦外显，既浸润于心灵也融渗于物象，处在这特有的文化语境之中的人们都可以深切地感受到。

而那些在经年累月中形成又代代相承、相传的传统村落，无疑是这既包含着物质又漾出精神的、丰富复杂的乡愁之最重要的载体之一了。

传统村落，原称"古村落"，主要是指1911年以前所建村落。2012年9月，经传统村落保护和发展专家委员会第一次会议决定，将习惯称谓的"古村落"改为"传统村落"。有学者认为，传统村落传承着中华民族的历史记忆、生产生活智慧、文化艺术结晶和民族地域特色，维系着中华文明的根；作为我国乡村历史、文化、自然遗产的"活化石"和"博物馆"，它寄托着中华各族儿女的乡愁，是中华传统文化的重要载体和中华民族的精神家园。

近年来，中国传统村落的保护与发展问题日益受到关注。2012年，我国启动中国传统村落保护工作。2014年，住房和城乡建设部、文化部、国家文物局、财政部联合发出《关于切实加强中国传统村落保护的指导意见》建村〔2014〕61号。2012、2013、2014年，先后有三批中国传统村落名录公布。2016年12月9日，第四批中国传统村落名录公布。凡此表明，这些昔日不为人识的文化宝藏，已闪烁出愈来愈鲜明的光彩。我们希望，呈现在读者面前的这套"乡愁记忆传统村落"富媒体丛书，能够洞开一扇面向世界的窗牖，让这些富有诗意和文化意味的传统村落及其保护展现在世人面前。

传统村落兼有物质与非物质文化遗产的双重属性，包含了大量独特的历史记忆、宗族传衍、俚语方言、乡约乡规、生产方式等。这些文化遗产互相融合，互相依存，构成独特的整体。它们所蕴藏的独特的精神文化内涵，因村落的存在而存在，并使其厚重鲜活；同时，传统村落又是各种非物质文化遗产不能脱离的生命土壤。在传承的历史过程中，传统村落既承载着它的文化血脉和历史荣耀，又与生产生活息息相关。在此意义上，传统村落的建筑无论历史多久，又都不同于古建；古建属于过去时，而传统村落始终是现在时。这些传统民居，富含建筑学、历史学、民俗学、人类文化学和艺术审美等多方面的重要价值，起着记载历史、传承文化的作用。

但是，在一些急功近利、喧嚣浮躁的区域，传统村落的保护面临巨大的压力，尤其是随着我国城镇化建设进程的加快，传统村落遭到破坏的状况日益严峻，加强传统村落保护迫在眉睫。"让居民望得见山、看得见水、记得住乡愁"，2013年12月召开的中央城镇化工作会议提出了这样一句充满温情的话语。如上所说，那些如古树、池塘、老井、灰墙以及涓涓细流、山川草甸等的物象，承载着无数人儿时的记忆，它是很多人魂牵梦萦的成长符号。这种作为中国人的精神家园的"乡愁"，不应该随着城镇化而消失，它应当有处安放，能被守望，得以传承！

"乡书何处达？归雁洛阳边。"（王湾《次北固山下》）

"老家河南"，当之无愧。中原地区是华夏文明的发祥地之一，悠久的历史文化，形成了独具一格而又南北兼容的传统民居建筑特色。这些传统村落，既有其不可替代的历史文化价值，也寄托着中原儿女心头那一抹浓浓的"乡愁"。它们一方面反映了以河洛文化为中心的中原文化丰厚的历史积淀，同时也显现出其吐故纳新、厚德载物的生命活力。

河南的传统民居建筑包括窑洞、砖瓦式建筑、石板房以及现代平顶房，特色鲜明。窑洞，是由于地理、地质、气候等多种因素而形成的一种独特的民居建筑形式。"见树不见村，进村不见房，闻声不见人"，三门峡地区的地坑院又是窑洞民居中一种独具特色的建筑形式。还有太行山地区的石板建筑，石梯、石街、石板房、石头墙……无不和大自然和谐共生、融为一体，堪称河南民居中的一绝。石板岩镇所有的建筑和生活器具都是就地取材，无不体现了建筑者的智慧和对自然的尊重，形成自己独有的地方特色，形成一种极富地方文化魅力的民居建筑。同时，传统的儒家文化思想，在河南民居建筑中有着明显的体现。无论是处处可见的漏窗、木雕、砖雕、石雕，还是高大的门第和牌坊，大都镌刻有中原地区所特有的忠孝节义、礼义廉耻等传统美德故事，从厅堂到居室也大都张挂字画、楹联和警句，既使室内充满了人文气息，又潜移默化地起着警示和教育后人的作用。河南传统民居还可以看到一种"人、社会、自然"三重意义的和谐，体现出独特的儒家和谐建筑理念。河南地区至今仍保留着的传统古民居，多为明清时期所建，集建筑、规划、人文、环境于一体，是河南所在的中原文化与中国传统儒家文化重要的物质载体和文化遗产。另外，在工艺设计与建造风格上，河南民居也兼有南方之秀和北方之雄，具有独特的历史文化与艺术审美价值，值得我们进行深入的探索和挖掘。

目前，河南省共有220个村落入选中国传统村落名录。为了弘扬中原厚重的历史文化，我们策划出版了这样一套"乡愁记忆传统村落"富媒体丛书，旨在系统性、完整性、学术性地整理和展现传统村落，让更多的人了解传统村落，继承我国传统村落建筑文化，为传统村落的保护与发展提供必备的参考与借鉴。

此外，为更好地展现中国传统村落建筑简史、村落形制、土木建筑、建筑平面与空间形态、建筑形态、民俗文化艺术等，这套丛书利用虚拟现实技术（VR）和增强现实技术（AR），以传统纸质出版物为主要载体，开发了传统村落 App，使该书不但具有传统图书的形式，又包含有音频、视频、三维模型、三维动画等多种富媒体资源，利用智能终端进行全方位的深度阅读体验。

"君自故乡来，应知故乡事。"我们愿渐次展开家乡的那些美好画卷，打开故园的那些动人意蕴！当然，中国传统村落如同浩瀚无垠的宇宙，我们在有限的时间内试图抓取和整理无限的文化财富将是非常困难的。因此，我们首先选取了河南地区的部分传统村落组织出版，希望本丛书的出版发行能够起到抛砖引玉的作用，能够引起广大读者对中国传统村落的兴趣，启发更多的人了解她、走近她、思考她，进而用自己的实际行动来保护她，为后世子孙留下值得铭记和传承的珍贵遗产，以守住我们传统村落所特有的文化"基因"。

张云鹏

2018年12月

目　录

第一章　综述

第一章　综述

2002年修订的《中华人民共和国文物保护法》就提出了"历史文化街区、村镇"的概念，明确"保存文物特别丰富并且具有重大历史价值或者革命纪念意义的城镇、街道、村庄，由省、自治区、直辖市人民政府核定公布为历史文化街区、村镇，并报国务院备案"，从而赋予了"历史文化街区、村镇"特定的法律地位。2003年，建设部（现为住房和城乡建设部）、国家文物局共同设立了"中国历史文化名镇"和"中国历史文化名村"制度，对"历史文化街区、村镇"的概念作了进一步完善，即"保存文物特别丰富并且有重大历史价值或者革命纪念意义，能较完整地反映一些历史时期的传统风貌和地方民族特色的镇（村）"。各级地方政府也陆续将一大批具有重要历史、文化、科学价值的历史文化村镇和民居建筑遗产公布为相应级别的文物保护单位。这些历史文化街区、村镇也得到了各界的关注，相关的研究随后也大量出现，有的也借助旅游开发等途径获得了新的发展机会。

2012年9月，传统村落保护和发展专家委员会第一次会议将习惯称谓"古村落"改为"传统村落"。相对于"历史文化街区、村镇"，"传统村落"更加强调农耕文化聚落载体的完整存续状态，在加强物质保护的同时特别注重非物质文化遗产的活态传承，立足于尽可能多保护传统农耕文明的根基。从2012年到2019年，住建部等七部门陆续公布了五批中国传统村落，总计6769个村落被列入中国传统村落名录（见表1-1）。

表 1-1　第一批至第五批中国传统村落入选数量

中国传统村落名录批次	村落数量（个）	公布时间
第一批	646	2012 年 12 月 17 日
第二批	915	2013 年 8 月 26 日
第三批	944	2014 年 11 月 17 日
第四批	1598	2016 年 12 月 9 日
第五批	2666	2019 年 6 月 6 日
总　计	6769	

　　传统村落逐渐成为人们关注的热点，除已公布的五批中国传统村落以外，各地政府也公布了当地的省级传统村落。

　　河南作为华夏文明的重要发祥地和传承区，传统村落承载并延续着中原地域独具特色的历史文化遗产，不仅能为我们展示农耕时代乡村生活的印记，更能从中探索人与自然和谐发展的文化渊源。河南省目前已公布六批传统村落，共有1035个村落被列入河南省传统村落名录（见表1-2）。

表 1-2　第一批至第六批河南省传统村落入选数量

河南省传统村落名录批次	村落数量（个）	公布时间
第一批	320	2013 年 6 月 28 日
第二批	95	2014 年 7 月 21 日
第三批	96	2015 年 9 月 9 日
第四批	80	2016 年 9 月 17 日
第五批	220	2018 年 2 月 7 日
第六批	224	2021 年 11 月 1 日
总　计	1035	

　　洛阳是一座底蕴深厚、名重古今的历史文化圣城，是丝绸之路的东方起点，历史上先后有13个王朝在此建都，是我国建都最早、历时最长、朝代最多的都城。洛阳现有全国文物保护单位51处，馆藏文物42万余件。

沿洛河一字排开的夏都二里头、偃师商城、东周王城、汉魏故城、隋唐洛阳城五大都城遗址举世罕见。龙门石窟、汉函谷关、含嘉仓等3项6处世界文化遗产。中国第一座官办寺院白马寺，武圣关羽陵寝关林，武则天坐朝听政、朝拜礼佛的明堂、天堂，以及定鼎门博物馆、天子驾六博物馆等数十家博物馆，无不彰显着洛阳厚重的文化底蕴。

此外，洛阳也拥有众多传统村落资源。已公布的五批中国传统村落名录中，洛阳地区共入选25处，分别位于孟津区、汝阳县、新安县、嵩县、洛宁县、栾川县、宜阳县。已公布的六批河南省传统村落名录中，洛阳共有103处入选。

我国对传统民居建筑的研究起步较早，然而，对河南民居的研究相对起步较晚，相关领域虽已受到极大关注但仍有较大研究空白。近期的民居研究着眼点也多以具有重大历史、艺术、科学价值，主要以涉及"国保""省保"单位等"高大上"的民居建筑为热点，研究成果也多集中于个别地区、个别对象。针对近年来历史文化名镇（村）、传统村落的研究依然相对薄弱。

洛阳所处的豫西地区位于中国窑洞民居分布区东南边缘地带，是窑洞民居的六大分布区之一，该区域也是河南境内窑洞与合院式民居相结合民居形式的主要分布区，有大量以合院式民居为主的传统村落遗存，具有典型的地域特征。对于这些传统村落的文化、历史价值尚没有完整的诠释，所以很难对其地位、价值做出科学的断定。因此，如何保护及合理利用这些传统村落依然是当前面临的重要课题。

洛宁县是洛阳市所属县（市）中传统村落遗存较多的地区之一，截至目前洛宁县境内有河南省传统村落17个（见表1-3），其中包括中国传统村落5个，首批入选河南省传统村落名录的洛宁县底张乡草庙岭村就是其中之一。

草庙岭村因庙、因地而得名，依圣母庙（又名奶奶庙）而建，至今保留着据传为郭子仪后裔等所建的"郭家大院"建筑群。地域特色比较明显，具有较高的建筑研究价值。

草庙岭村相继入选第一批河南省传统村落名录、第二批中国传统村落名录，也陆续得到一些媒体的报道，知名度不断提升，吸引了一些专家学者以及传统民居的关注者、摄影爱好者、旅游爱好者前来参观。

表1-3　洛宁县传统村落

编号	村名	所在位置	入选河南省传统村落名录	入选中国传统村落名录
1	城村	洛阳市洛宁县河底镇	第一批	第二批
2	丈庄村	洛阳市洛宁县东宋镇	第一批	第二批
3	上戈村	洛阳市洛宁县上戈镇	第一批	第二批
4	草庙岭村	洛阳市洛宁县底张乡	第一批	第二批
5	后上庄村	洛阳市洛宁县下峪镇	第二批	第四批
6	故东村	洛阳市洛宁县下峪镇	第三批	
7	李家原村	洛阳市洛宁县小界乡	第三批	
8	皮坡村	洛阳市洛宁县罗岭乡	第四批	
9	河底村	洛阳市洛宁县河底镇	第五批	
10	庙洼村	洛阳市洛宁县上戈镇	第五批	
11	窑瓦村	洛阳市洛宁县故县镇	第五批	
12	隍城村	洛阳市洛宁县故县镇	第五批	
13	苇山村	洛阳市洛宁县小界乡	第五批	
14	讲理村	洛阳市洛宁县罗岭乡	第五批	
15	西南村	洛阳市洛宁县兴华镇	第五批	
16	前上庄村	洛阳市洛宁县下峪镇	第六批	
17	岔上村	洛阳市洛宁县下峪镇	第六批	

一、洛宁县

草庙岭村所隶属的洛阳市洛宁县位于河南省西部。地理坐标为北纬34° 05′～34° 38′，东经111° 08′～111° 49′，东邻洛阳宜阳县，西接三门峡卢氏县、灵宝市，南与洛阳嵩县、栾川县交界，北与三门峡渑池县、陕州区毗连。东西长65千米，南北宽40千米。县城距省会郑州195千米，距洛阳市89千米，总面积2305.9平方千米。[1]

洛宁县境内山川塬岭皆备，地形变化复杂，全县地貌特征总体分为四类：深山区山高峰险、重峦叠嶂，浅山区沟壑纵横、林茂竹秀，塬陵区宽阔平坦、地肥粮丰，川涧区地少人稠、百业集聚。洛宁境域三面环山，南部为熊耳山，西北为崤山，地势西高东低。南北山区矿、林、果、草等资源丰富。洛河自西向东贯穿全境，南北涧溪纵注，呈羽毛状河网。自长水以东沿洛河流域形成一马平川。"七山二塬一分川"的地貌特征孕育了丰富的自然人文景观，历史文化积淀丰厚、自然田园风光秀美（如图1-1至图1-5）。

---

[1]　洛宁县志编纂委员会编《洛宁县志（1988—2000）》，中州古籍出版社，2005，第26页。

图 1-1　山间公路边的景色

图 1-2　公路边的油菜花田

图 1-3 梯田

图 1-4 洛宁县故县水库远景

图 1-5　洛宁县故县水库

二、底张乡

底张乡位于洛宁县西南部，乡政府驻底张村，距县城19千米，南与栾川县接壤，东和西山底乡相邻，西同兴华镇挨界，北隔洛河与长水乡相望。总面积136.8平方千米。[1] 南部山区占全乡面积的50%，中部和西部丘陵塬区占40%，北部川区占10%。底张乡森林覆盖率达56%，是洛宁县的林业大乡之一，林木资源丰富、盛产淡竹。全乡辖29个行政村，81个自然村，151个村民小组，有户籍人口21899人（其中乡村人口20445人）。[2] 洛栾路（241国道）穿境而过，北部经洛河大桥与郑卢高速公路相连，南部通往洛阳栾川县方向，交通便利（如图1-6）。

图 1-6　底张乡在洛宁县的位置示意图

[1]　洛宁县志编纂委员会编《洛宁县志（1988—2000）》，中州古籍出版社，2005，第543页。

[2]　洛宁县档案史志局编《洛阳乡镇概览·洛宁卷》，中州古籍出版社，2017，第327页。

三、草庙岭村

草庙岭村是底张乡下属的一个行政村，位于洛宁县城西南40千米处，全村占地2平方千米，耕地1200亩。草庙岭村一带属于山地丘陵地区，地貌特征是高低起伏，坡度较缓。气候属暖温带大陆性季风气候，四季分明，年均气温13.7℃。主要经济产业为养殖和种植。草庙岭村西邻涧河，坐落云梦岭上，村内道路与洛栾路相通（如图1-7）。

图1-7 洛栾路边的涧河

村落命名法可达数十种，最多的是以姓氏为名。以地命氏，是古代姓氏产生的重要来源，再以姓氏命地名，反映了社会的发展和人口的变迁。以所居村民姓氏冠以村落名的，如袁庄、潘庄、黄村、李村、段湾、宋家沟、李张庄、杨刘庄等等。以地形特点，或冠以姓或随以姓而命名的，如杨峪、蔡家骨垛、雷家坪、徐家湾、金家沟、孙桥等。以地形和所处自然环境及方位命名村落的，多见于山区和丘陵地带，见其名便可大约知其所处地形和特点，诸如垛沟、山岔、后川、塘洼、大帽岭、柿子园、马驹河、三岔口、土岭头、栏杆桥、九曲塘、歇马店以及寺后、店前、前沟、后沟、八里桥等等。也有一些沿用古城址、古居民点、古建筑物之名。

草庙岭村的村名与位于村东南角的圣母庙有关，圣母庙起初为一个小草庙，后来人们习惯性地把这里叫作草庙岭，沿用至今。

草庙岭行政村共有3个村民小组，户籍人口689人，202户。草庙岭传统村落范围内居住的居民是草庙岭行政村的第一村民小组和第二村民小组的成员。居民以郭姓为主，共有177户，另外还有刘姓、郑姓、焦姓、王姓居民25户。

据村民介绍，郭姓村民系唐汾阳王郭子仪第三子郭暖之后。相传清康熙年间，为谋求新的生活出路，郭氏四十五代祖郭兴，由西山底乡洪岭村迁居至此地，陆续建造宅院逐渐形成了"郭家大院"住宅建筑群。

草庙岭村被绿树环抱，四周梯田层层，环境怡人（如图1-8）。整个村庄位于坡顶西侧，位置较高，东高西低，举目远眺，林木中微露着错落有致的青瓦房屋，透出几分安谧、几分宁静。

草庙岭村2013年6月被列入第一批河南省传统村落名录，2013年8月被列入第二批中国传统村落名录。草庙岭村的圣母庙也于2008年9月被公布为洛宁县县级重点文物保护单位（如图1-9、图1-10），2017年12月被公布为洛阳市重点文物保护单位。

图 1-8 村外的梯田

图 1-9 县级重点文物保护单位石碑正面

图 1-10　县级重点文物保护单位石碑背面

（一）村落总体布局

草庙岭村位于山岭上，圣母庙是村落的核心建筑，位于地势最高处。圣母庙以东地势略低，相对平坦，为一大块向东缓缓降低的台地，主要用来种植庄稼。圣母庙西侧地势随缓坡向西逐渐降低，形成若干逐级降低的台地。西侧地势由北向南逐渐降低。

民居建筑群就位于圣母庙的西侧，以圣母庙为核心向南北延展，依据地形灵活分布，大体可分为南北两个组团。圣母庙西北侧有四块大小不一、逐级向西降低的台地。"郭家大院"传统建筑群主体就位于最西侧相对较大、平坦的一块台地上，我们将其命名为 A 片区。还有一小部分是位于 A 片区东侧的一小块相对平坦台地上，我们将其命名为 B 片区。之后又有郭家大院迁出的居民陆续在东侧两块台地上建造住宅，形成了 C、D 两个新的片区。西南侧的建筑群被一条东西走向的道路一分为二，整体地势向西递减，又形成若干向西缓缓降低的台地。其中道路北边分布 E、F、G 三个片区，道路南边分布 H、I、J、K 四个片区 (如图1-11)。

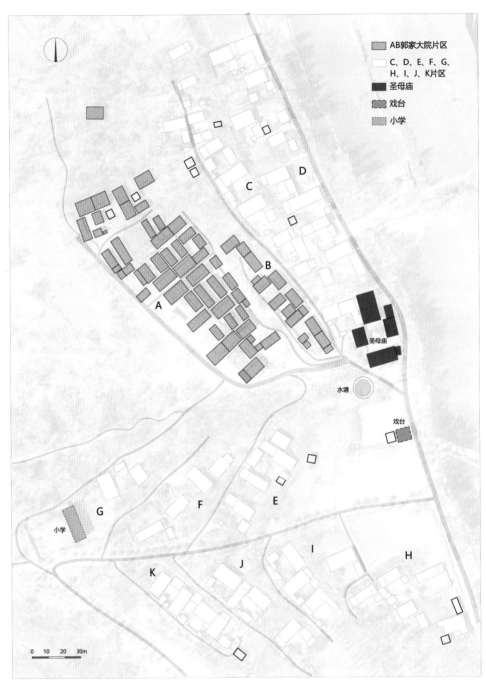

图 1-11　草庙岭总体布局

（二）建筑数量及分布

2016年对草庙岭村进行调研时，传统村落范围内有单体建筑198栋（近期11栋建筑被拆除），其中9栋公共建筑，166栋居住建筑，23栋其他建筑（13栋是烤烟房，2栋是牛棚，7栋是厨房，1栋是磨坊）。公共建筑中有7栋建筑围合组成圣母庙。1栋独立的建筑为戏楼，另外1栋为六开间二层的小学教学楼。

A片区共有54栋建筑，B片区共有16栋，C片区共有30栋，D片区共有25栋，E片区共有12栋，F片区共有6栋，G片区共有3栋，H片区共有11栋，I片区共有11栋，J片区共有9栋，K片区共有12栋。从了解到的建筑建造年代和地形关系来看，A片区建造年代最早，然后建造了B片区，后又建造了C、D片区，之后又陆续建造了E、F、G、H、I、J、K片区。受地形及面积的限制，可利用的空间大小不一，最小的片区仅能容下2处住宅（如图1-12）。结合各片区的地形特点、面积大小以及院落的数量来看，最早建造的郭家大院选择了面积最大的一块台地，后来不断向外扩张，尽可能选择离大院较近的台地建造住宅。

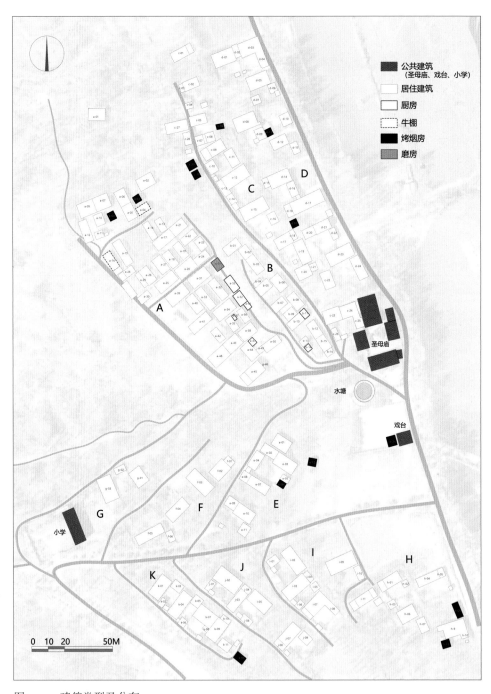

公共建筑
（圣母庙、戏台、小学）

居住建筑

厨房

牛棚

烤烟房

磨房

圣母庙

水塘

戏台

小学

0 10 20   50M

图 1-12   建筑类型及分布

第二章　公共建筑

一、圣母庙

圣母庙也常被叫作奶奶庙、娘娘庙。据圣母庙内2008年所立碑刻记载，草庙岭圣母庙始建于1332年（元宁宗懿璘质班元年）前后，起初为一小草庙，后改建为小瓦庙，之后又改建为大瓦庙，直至1439年（明正统四年）前后扩建有东西殿、卷棚殿、钟鼓楼。清雍正、乾隆年间又进行了重修。后经历世事沧桑，建筑损坏，神像被毁。2006年有功德主（郭京荷）提议，香客积极响应，又对圣母庙的建筑、院墙进行修缮，重塑

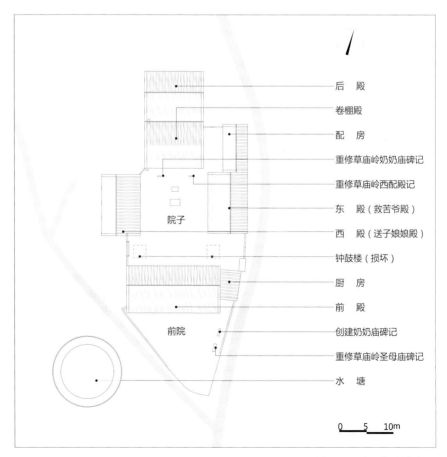

后　　殿

卷棚殿

配　　房

重修草庙岭奶奶庙碑记

重修草庙岭西配殿记

东　　殿（救苦爷殿）

西　　殿（送子娘娘殿）

钟鼓楼（损坏）

厨　　房

前　　殿

创建奶奶庙碑记

重修草庙岭圣母庙碑记

水　　塘

院子

前院

0　　5　　10m

图 2-1　圣母庙总体布局

神像，呈现出现有的面貌。

圣母庙内现存3棵古柏，相传为清朝末期种植。建筑有前殿、钟楼、鼓楼、东殿、西殿、卷棚殿（献殿、上殿）和后殿。目前，钟楼、鼓楼已不存在。现存的建筑沿中轴线依次向后排列有前殿、卷棚殿和后殿。前殿与卷棚殿之间东、西两座配殿相对而置，整体呈现出典型的中轴对称的合院式布局形式。另外，前殿的东侧还有一个小厨房，东殿的北侧也有一栋小配房，可放杂物或供人临时居住（如图2-1）。

（一）前殿

圣母庙的前殿为一栋五开间的六檩硬山抬梁式建筑，面向院外带有檐廊。外观上看为双坡屋顶，面向院外的一坡长，面向院内的一坡短（如图2-2、图2-3）。前殿中间的三间内部连通为一体。大门位于建筑正中，在院落的中轴线上，上方悬挂有圣母庙匾额（如图2-4）。

图 2-2　圣母庙前殿正面

图 2-3 圣母庙前殿

图 2-4 圣母庙匾额

前殿中间三间中两边的两间面向院外一侧各开有一窗；面向院内一侧的两边两间砌墙，中间一间未砌墙整体开敞。两边两间各供奉两尊神像，大门东侧分别是南方增长天王、东方持国天王，大门西侧分别是西方广目天王、北方多闻天王（如图2-5、图2-6）。中间一间供奉有弥勒佛像（如图2-7）。弥勒佛像的背后朝向院内还供奉有韦陀菩萨。

经前殿绕行弥勒佛像两侧便可进入院内（如图2-8、图2-9）。

图 2-5　大门东侧的南方增长天王与东方持国天王

图 2-6　大门西侧的西方广目天王与北方多闻天王

图 2-7　室内正中的弥勒佛像

图 2-8　从前殿看院内

图 2-9　从卷棚殿看院内

　　前殿最外边的两间面向院外也各开有一门，各自形成独立空间。东
边一间供奉牛王、马王 (如图2-10)，西边一间供奉土地、山神 (如图
2-11)。

图2-10　牛王、马王及侍者　　　　　图2-11　土地、山神及侍者

（二）东殿

　　圣母庙的东殿是四檩带前檐廊的硬山建筑，是在三檩硬山建筑的基
础上增加一排檐柱，檐柱内侧为金柱。檐柱和金柱之间有抱头梁和穿插
枋相连接。在抱头梁端头、大梁的两端以及中间的脊瓜柱上架檩，檩间
架椽，构成双坡屋顶四檩的房屋空间骨架，屋面上椽子分为三段。外观
看上去也是一坡长一坡短。东殿的中间一间为四扇木质屏门，两边两间
为木格窗，三间室内连为一体，殿内供奉救苦爷 (如图2-12)。

图 2-12　东殿

（三）西殿

圣母庙的西殿同样也是四檩带前檐廊的硬山建筑。房屋的空间骨架与东殿完全一样。西殿的中间一间同样为四扇木质屏门，两边两间为木格窗，三间室内连为一体，殿内供奉送子娘娘（如图2-13）。有一块立于嘉庆七年（1802年）的《重修草庙岭西配殿记》石碑，记载有西殿重修的时间，还记载了化主、功德主、当时的住持及其弟子等的信息。其中功德主有李姓、郭姓和彭姓。郭姓功德主为郭印、郭玺及其子尚忠 [1]、尚恕。郭氏家谱中显示郭印、郭玺二人为兄弟，是郭家第四十七世，第四十六世郭洪学之子。郭洪学的父亲为郭兴，郭兴的父亲郭进甫。郭

---

[1]　郭氏家谱中为"尚中"。有许多现实中的名字与家谱中不对应的情况。

图 2-13　西殿

兴当时居住在洪岭和草庙岭，是现有资料中可查到最早和草庙岭有关系
的人物。

　　郭兴共有郭洪保、郭洪儒、郭洪学、郭洪礼、郭洪亮五子。其中长
子郭洪保无子。家谱记载次子郭洪儒在草庙岭立祖，三子郭洪学迁入草
庙岭，因此郭洪学迁入草庙岭的时间可能稍晚于郭洪儒。

（四）卷棚殿

　　卷棚殿面宽三间，为卷棚硬山抬梁式建筑，也就是屋顶前后两坡交
界处没有用正脊。卷棚殿的大梁上共架设六根檩条，也称为六架梁（如
图2-14）。在脊的位置，装有两根并列的脊檩，两檩条之间搭罗锅椽。
因此，外观上呈现出圆弧形的房脊，从山墙面看过去也呈现出圆弧状的
山尖，所以也被称为圆山式硬山。

图 2-14   卷棚殿西侧梁架

卷棚殿前后檐下没有砌筑檐墙，只在两边两间的前檐下砌筑矮墙，上面安置木栏杆（如图2-15）。站在卷棚殿前几乎没有遮挡，可以完全看到内部的情况。进入卷棚殿内，后殿的十二扇屏门显得气派壮观（如图2-16）。透过卷棚殿看院内也可一览无余（如图2-17）。

关于卷棚殿的建造时间，有题记明确记载为雍正元年（1723年），并记录了当时的卷棚殿名为圣母献殿，功德主为彭大成、罗成宗，化主刘瑜，住持李一英以及木匠李智、程关孙，泥匠李茂生，塑匠韦积行，土工王元吉及各村善男信女协力修建。由现有的资料来看，此时的郭家人可能尚未参与到圣母庙的建造活动中。

图 2-15　卷棚殿正面

图 2-16　卷棚殿内看后殿

图 2-17　透过卷棚殿内看院内

（五）后殿

　　圣母庙的后殿为一栋三开间的六檩硬山抬梁式建筑，是在五檩硬山建筑的基础上面向卷棚殿一侧带有檐廊，空间骨架与前殿较为相似。外观上看也是双坡屋顶，面向院内的一坡长，面向院外的一坡短（如图2-18）。

　　后殿的三间每间有四扇木质屏门，共十二扇，三间室内未分隔，连为一体，殿内供奉奶奶神。圣母庙后殿内梁柱上有木雕，墙壁上有壁画，但在1970年前后遭到破坏，目前仅剩一侧墙壁还保存有壁画，也因年代久远模糊不清。

　　后殿有明确的记载为清乾隆十三年（1748年）修建。还记载有木匠王谦民，瓦匠朱儒秀，泥匠杨万春，但所记载功德主已难以识别。立于庙门外的一块乾隆三十年（1765年）所立《创建奶奶庙碑记》中记载了

图 2-18　圣母庙后殿

乾隆十九年（1754年）功德主李贞、郭洪学、彭敬三人再次发起创建圣母庙并付诸实施。碑记记载的功德主中有郭洪学及其子郭印、郭玺，孙郭尚智、郭尚信五人。可以推测，至少在乾隆三十年（1765年），郭洪学已经带着自己的子孙参与了圣母庙的建造活动。到了嘉庆七年（1802年），重修西配殿时的功德主记载为郭印、郭玺及其子尚忠、尚恕四人，此时郭洪学或已去世。

（六）其他建筑物

另外还有两栋小建筑，一栋是厨房，一栋是东配殿北侧的小配房，放置杂物或供人临时居住。

（七）石碑

圣母庙现存有六块保存较完好的石碑，主要记载圣母庙建造、修缮的日期及缘由，也记录化主、功德主、当时的工匠、住持及其弟子的信息（如图2-19至图2-21）。其中立于乾隆三十年（1765年）的《创建奶奶庙碑记》石碑曾经断裂，后经对接修复，虽有部分残缺、破损，但一些重要信息仍保存尚好（如图2-22）。

2007年所立的《重修草庙岭奶奶庙碑记》所载内容中一部分可与郭氏家谱以及建筑的题记内容对应，对于推断草庙岭村落的形成与发展有重要作用。

图 2-19　立于卷棚殿前的石碑

图 2-20　重修草庙岭奶奶庙碑记

图 2-21　镶嵌于卷棚殿山墙上的石碑　　图 2-22　创建奶奶庙碑记

二、戏楼

　　戏楼在草庙岭村中的地位也非常重要，是村里重要的文化活动场所之一，节庆、庙会、祭祀活动时常会在此组织一些演出活动。戏楼临近圣母庙而建，与圣母庙的主要大殿在同一轴线上。戏楼与圣母庙之间形成一个梯形的广场，其东西方向的短边长约30.3米，长边长约38.5米，南北宽约25米。广场是村民休闲活动的场所，其东西两端各放置一个篮球架，也满足了村民的体育活动需要。另外，由于地面平整，收获的季节还可以在此晾晒谷物。

　　戏楼就位于这个梯形广场的东南角，坐南朝北与圣母庙相对。戏楼为一栋三开间的五檩硬山抬梁式建筑，屋顶有前后两坡，外观上看两坡一样长。戏楼的戏台高出地面1.7米，山墙墙体用青砖砌成，光滑整洁。前檐柱的柱头上放一块横着的平板枋，平板枋上承托大梁，大梁的上端承托檐檩。后檐柱的柱头上直接承托大梁。大梁的梁端没有直接承托檐檩，而是还立有一根短柱，短柱上端承托檐檩。大梁两端向内收进一步的位置各设置一个柁墩，承托稍短一些的二梁，二梁两端各承托一根檩条，二梁正中立脊瓜柱，上端承托脊檩构成一榀屋架，两侧与山墙搭接的部分被封闭在山墙内。

　　2012年在对戏楼进行修缮的时候，在平板枋的下面增加了钢筋混凝土的承重梁，为了避免演出的时候遮挡台下观众的视线，新砌的两根承重柱向两边移动了一些，而没有位于大梁之下（如图2-23、图2-24）。

图 2-23　戏楼东侧

图 2-24　戏楼西侧

三、水塘

在戏楼与圣母庙之间的中轴线偏西侧的位置，有一直径约12.7米的圆形水塘，周围用青砖砌筑护栏，形似铁锅。据村民说，建水塘有三个用意：一是寓意作为给圣母奶奶蓄水洗脸之用的脸盆；二是"锅"与"郭"同音，锅里有水用来寓意聚财；三是由于草庙岭村地处云梦岭上，地势较高，相对缺水，修建水塘，下雨时可以收集雨水，以供平时牛、羊等家畜饮用。水塘以前是土坑，后来为了减少渗水，用水泥做了水塘的护坡，但没有以前的土水塘透气性好，水质已大不如从前（如图2-25）。

图 2-25　水塘

第三章　民居建筑

一、草庙岭民居的类型

（一）传统院落的平面形态

中国北方的合院式民居一般会在地势较平坦地带，按传统的中轴对称、封闭严谨的空间序列布局，满足家族中情相亲、功相助的需求，家族生活体现出长幼有序、上下有分、内外有别的要求。

合院式民居一般由复数的房屋按照一定的规律围合形成。对洛阳、郑州等地的民居调查发现，常见的有两面围合的"二合院"、三面围合的"三合院"、四面围合的"四合院"等。以"四合院"为例，正面的房屋称作正房，左右的房屋称作厢房，也常称为厦子房，与正房相对临近道路的房屋称作倒座，也常被称为临街房。正房、厢房、倒座构成一个四面围合的合院单元。如在此基础上依据经济条件及使用需要，沿中轴线向后延伸，在正房的后面增加左右厢房，再增加一座正房，构成一个新的独立围合单元。以此类推，最终可形成由复数围合单元构成的院落。这些独立围合的单元以"进"计数，有几个围合单元通常就说"几进"院落。另外，在空间构成方面，也有以四合院为基础，在靠近倒座的厢房两山墙之间建隔墙，再在中间开门（如北京四合院的垂花门），使原本独立的一个围合单元变为两个独立的围合空间，从而形成"二进"院落。如在此基础上沿中轴线向后延伸，在正房的后面再增加左右厢房、正房又可构成一个新的围合单元，从而形成"三进"院落。另外还有建一座院落有余而建两座院落不足时，将一座院落多余部分建成跨院的情况（如图3-1）。

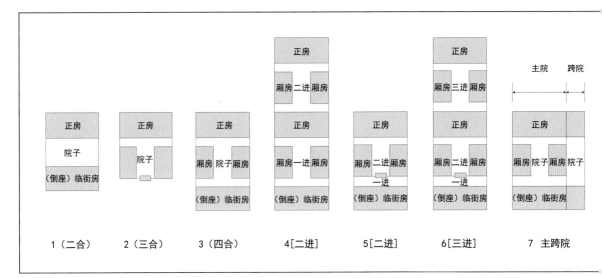

图 3-1 合院空间组合示意图

（二）草庙岭民居的平面形态

为了梳理草庙岭民居的特色，以期为今后提出保护发展策略提供理论依据，我们对草庙岭村的166栋居住建筑进行了详细的调查、分类，针对传统民居进行了详细的建筑测绘、历史信息梳理、使用变迁分析。

草庙岭的居民常称正房为上屋，称倒座或临街房为下屋。[1] 早期建造的传统民居以四面围合的四合院为主，通过不同功能建筑的围合，构成满足大家庭使用的生活空间。还有利用相对狭窄的地块建设跨院以及辅助功能空间，来辅助家庭生活。也有受地形条件的制约或为适应居住生活的需要，住房未能形成四面围合，而是三面围合或是两面围合，甚至有不少仅有一栋房屋的情况，呈现出极大的灵活性。总之，从形制特

---

[1] 如坐北朝南院落的上屋有时也会被叫作"北屋"，下屋有时也被称为"南屋"。东、西厢房有时也被称为"东屋""西屋"。

征上来看，草庙岭传统民居也是以各栋分离的房屋围合组成院落，与北方常见的传统合院民居没有差异。

随着社会的发展，受家庭人口、家庭结构的影响，近期建造的现代民居基本上都是以一户居民为单位的独立生活单元。仅有一栋单体房屋或再有一至两栋单体房屋围合的开敞院落，或是再用围墙围合成封闭院落作为一个家庭生活空间的最为常见。早期为满足大家庭生活而建造的传统民居，由于后来大家庭的分化、分家分产，往往形成几个小家庭共同所有、使用一个院落的现实情况。

因此，在分析草庙岭民居的平面形态时，以明确各个空间的空间组合特征为基础，进一步分析传统院落的历史信息，分析各建筑的相互关系以及建筑的使用与所属情况。在此前提下进行空间分类，完成计量统计。最终划分出以不同形式围合、构成的71个院落空间[1]。其中，A片区19处，B片区6处，C片区10处，D片区10处，E片区4处，F片区4处，G片区2处，H片区4处，I片区5处，J片区3处，K片区4处。

从这些院落建筑的组合形态来看大致可以概括为7类（如图3-2）：

第1类，平面形态呈"一"字形，只有一栋建筑。

第2类，平面形态呈"二"字形，有两栋平行排列的建筑组成。

第3类，平面形态呈"L"形，有两栋建筑组成，基本上是建一栋上屋，在上屋前方的一侧再建一栋建筑，形成"L"形布局。也有在上屋

---

[1]　A片区的院落以字母A进行编码，编有A-1至A-19。B片区的院落以字母B进行编码，编有B-1至B-6。C片区的院落以字母C进行编码，编有C-1至C-10。D片区的院落以字母D进行编码，编有D-1至D-10。E片区的院落以字母E进行编码，编有E-1至E-4。F片区的院落以字母F进行编码，编有F-1至F-4。G片区的院落以字母G进行编码，编有G-1至G-2。H片区的院落以字母H进行编码，编有H-1至H-4。I片区的院落以字母I进行编码，编有I-1至I-5。J片区的院落以字母J进行编码，编有J-1至J-3。K片区的院落以字母K进行编码，编有K-1至K-4。

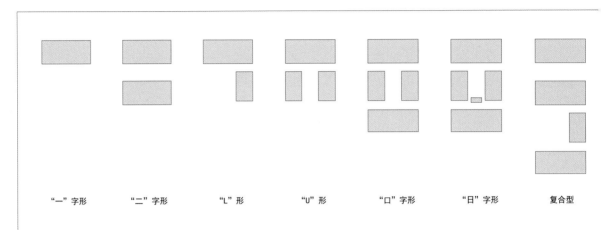

"一"字形　　"二"字形　　"L"形　　"U"形　　"口"字形　　"日"字形　　复合型

图 3-2　建筑的组合形态

的一侧再加建房屋的情况。

第4类，平面形态呈"U"形，有三栋或三栋以上建筑组成，基本上是建一栋上屋，在上屋前方的两侧再各建一栋建筑，形成"U"形布局。也有在上屋的山墙一侧加建房屋后，在上屋前面两侧再各自建房的情况。

第5类，平面形态呈"口"字形，由四栋相互分离的建筑围合而成，与常见的北方四合院相似。

第6类，平面形态呈"日"字形，就是在四合院的基础上，在靠近倒座一侧的山墙上建隔墙，中间开门，形成内外两个独立空间的形式。

第7类，平面形态为复合型，是两种形态组合而成，进深相对较大。除此之外，草庙岭民居中没有进深再大的案例。

（三）草庙岭民居的空间形态及分布

依据一定的分类标准，即便可以归纳出若干种类型，但细节方面仍存在较多的不同之处，有些可进一步细分出若干小类，呈现出多样化的面貌。

第1类平面形态呈"一"字形的民居中，从构成要素与围合情况来看，可细分为6小类。

类型1-1为独栋建筑，作为上屋，完全敞开，没有其他建筑围合，也没有用围墙围合。全村有8处，分别为 A-1、A-2、A-18、B-2、C-1、E-1、F-2、G-1，其中 A-1、A-2、A-18、B-2属于郭家大院传统建筑群（如图3-3）。

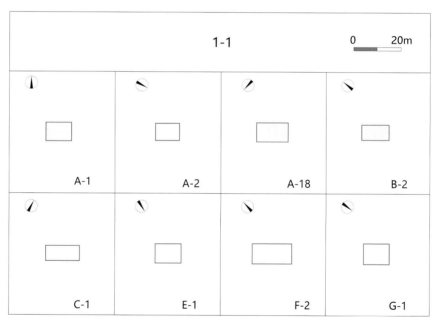

图 3-3　类型 1-1 独栋建筑

类型1-2也是独栋建筑，只有1处 D-5。该类型仅有一栋房子作为住宅使用，也不像一般院落那样作为上屋（如图3-4）。

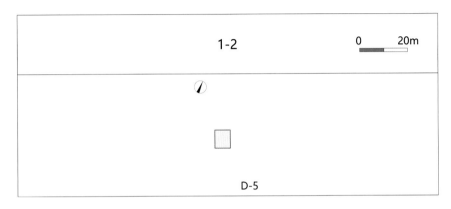

图 3-4 类型 1-2 独栋建筑

　　类型1-3与类型1-1相似，为独栋建筑，没有其他建筑围合，但用围墙围合出院子，形成了封闭的院落空间。全村有3处，分别为 D-1、F-3、I-5（如图3-5）。

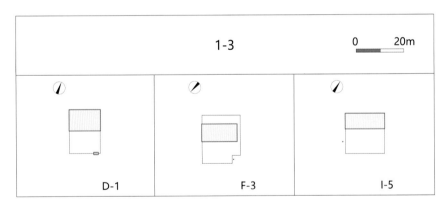

图 3-5 类型 1-3 独栋建筑带围墙

　　类型1-4也与类型1-1相似，为独栋建筑，没有其他建筑围合，也没有用围墙围合出独立封闭的院落空间，而是被包围在其他院落里面，需经由其他院落的出入口进出。全村有2处，分别为 A-4、A-5，都属于郭家大院传统建筑群（如图3-6）。

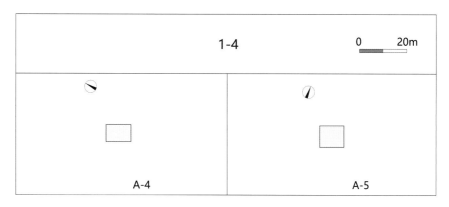

图 3-6　类型 1-4 独立建筑被围在其他院落里

类型1-5同样也是独栋建筑，只是在建筑的一侧山墙外贴着山墙另建了一栋小房屋，也没有用围墙围合，完全开敞。全村有2处，分别为A-19、F-1，其中A-19属于郭家大院传统建筑群（如图3-7）。

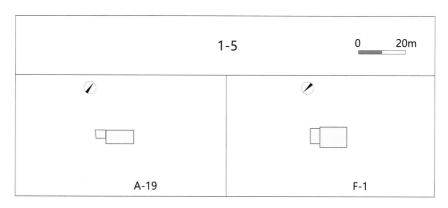

图 3-7　类型 1-5 独栋建筑一侧带小屋

类型1-6与类型1-5类似，也是在独栋建筑的一侧山墙外贴着山墙另建了一栋小房屋，又用围墙围合出院子而形成封闭的院落空间。全村有3处，分别为D-8、E-3、H-2（如图3-8）。

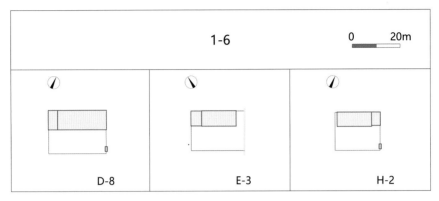

图 3-8　类型 1-6 独栋建筑一侧带小屋带围墙

　　第2类平面形态呈"二"字形的民居中，从构成要素与围合情况来看，可细分为两小类。

　　类型2-1是有两栋房屋构成的两面围合的二合空间，全村仅有3处，为 A-7、A-8、A-16，都属于郭家大院传统建筑群（如图3-9）。

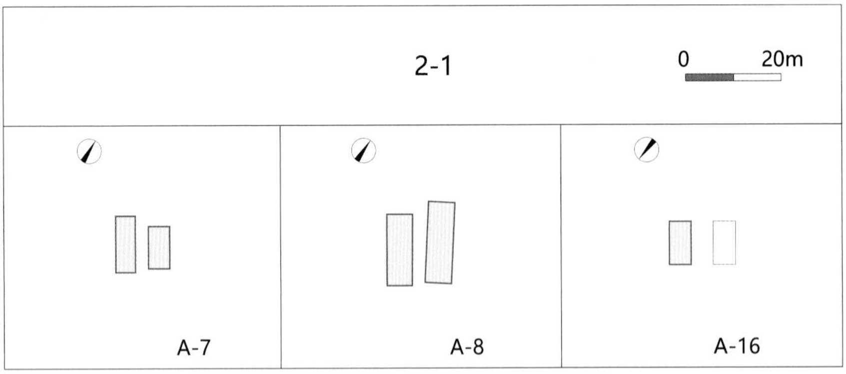

图 3-9　类型 2-1 有两栋房屋的"二"字形民居

　　类型2-2是由一栋下屋及一栋上屋构成的两面围合院落，全村仅有1处，为 C-3（如图3-10）。

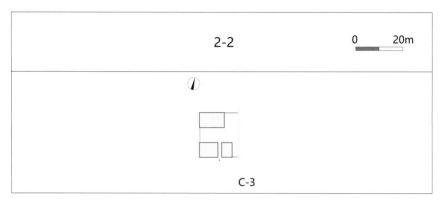

图 3-10 类型 2-2 由下屋及上屋构成的 "二" 字形民居

第3类平面形态呈 "L" 形的民居中，从围合要素、围合形式、围合情况来看，可具体细分为5小类。

类型3-1是由一栋上屋及在其前方一侧的建筑围合组成，没有用围墙围合，完全开敞的住宅。全村有2处，为D-6、I-4（如图3-11）。

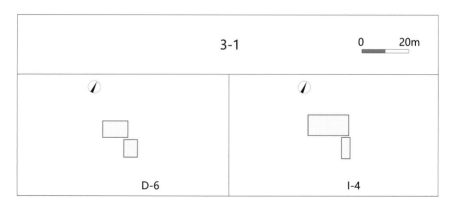

图 3-11 类型 3-1 平面形态呈 "L" 形没有围墙

类型3-2是由一栋上屋及在其前方一侧的建筑围合组成，用围墙围合形成封闭院落的住宅。全村有10处，为 C-6、C-10、D-4、D-10、F-4、G-2、H-3、I-1、J-1、K-3（如图3-12）。

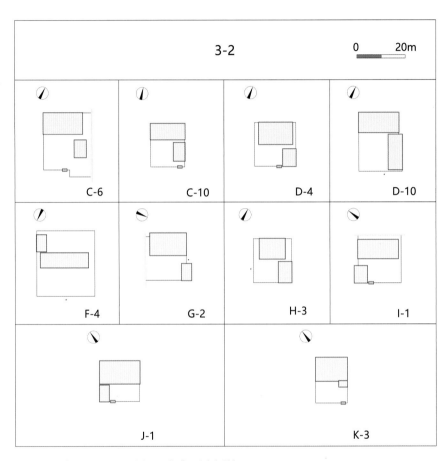

图 3-12　类型 3-2 平面形态呈 "L" 形有围墙

　　类型3-3是上屋与前方一侧的建筑连为一体，不同于传统合院建筑的特征，全村有2例，为 H-4、I-3（如图3-13）。

　　类型3-4是在上屋的一侧山墙外，贴着山墙另建了一栋小房屋，又在超出上屋山墙以外一定距离的前方建房，形成两面围合，但没有用围墙围合的开敞院落，全村只有一例，为 C-8（如图3-14）。

　　类型3-5与类型3-4相似，也是在上屋的一侧山墙外，贴着山墙另建了一栋小房屋，又在上屋一侧的前方建房，再用围墙围合形成封闭院落

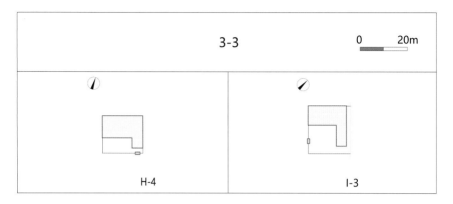

图 3-13　类型 3-3 平面形态呈"L"形的没有围墙新建筑

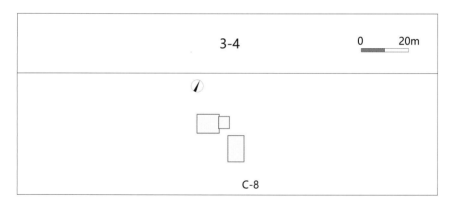

图 3-14　类型 3-4 平面形态呈"L"形上屋一侧有小房没有围墙院落

的住宅。全村有10处，为 B-6、C-2、C-5、C-7、D-2、D-7、D-9、E-4、J-3、K-4，其中 B-6属于郭家大院传统建筑群（如图3-15）。

　　第4类平面形态呈"U"形的民居中，从围合要素、围合形式、围合情况来看，可细分为3小类。

　　类型4-1是由一栋上屋及其前方两侧的建筑围合组成，没有用围墙围合，完全开敞的住宅。全村有1处，为 A-15，属于郭家大院传统建筑群（如图3-16）。

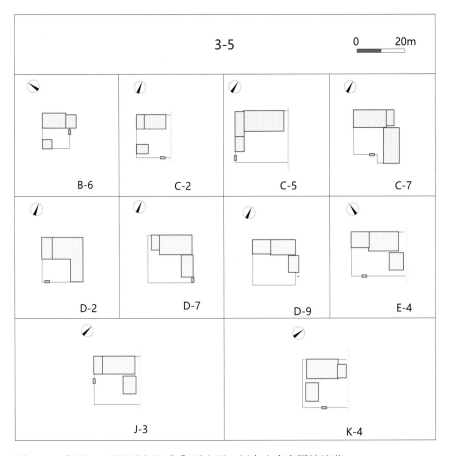

图 3-15　类型 3-5 平面形态呈"L"形上屋一侧有小房有围墙院落

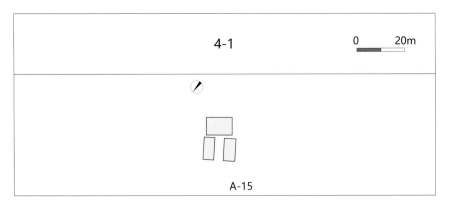

图 3-16　类型 4-1 平面形态呈"U"形无围墙院落

类型4-2与类型4-1相似，是由一栋上屋及其前方两侧的建筑组成，用围墙围合的封闭住宅。全村有9处，为 A-3、B-1、B-3、B-4、C-4、D-3、H-1、K-1、K-2，其中 A-3、B-1、B-3、B-4属于郭家大院传统建筑群（如图3-17）。

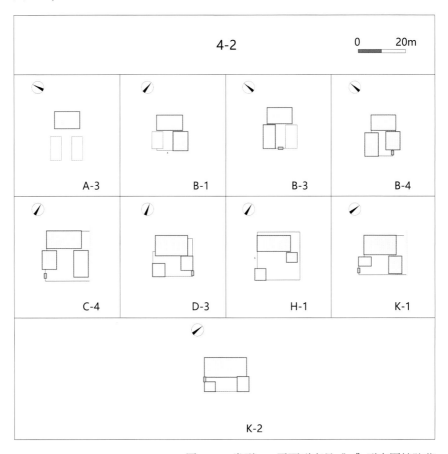

图 3-17　类型 4-2 平面形态呈 "U" 形有围墙院落

类型4-3是在上屋的一侧山墙外贴着山墙另建了一栋小房屋，然后又在其前方两侧建房，形成的三面围合空间，最后再用围墙围合成封闭住宅。全村有5处，为 B-5、C-9、E-2、I-2、J-2，其中 B-5属于郭家大院传统建筑群（如图3-18）。

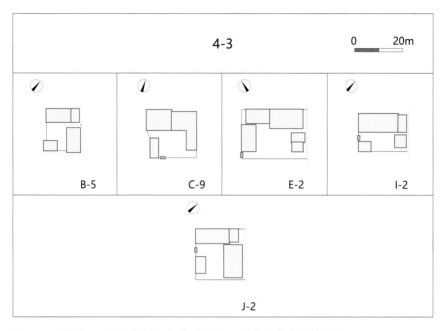

图 3-18　类型 4-3 平面形态呈"U"形上屋一侧有小房有围墙院落

　　第5类平面形态呈"口"字形民居中，从围合要素、围合形式、围合情况来看，可细分为两小类。

　　类型5-1与常见的北方四合院相似，由下屋、上屋及两厢房4栋相互分离的建筑围合而成，再由围墙封闭的比较规整的围合空间。全村有5处，为A-10、A-11、A-12、A-13、A-14，都属于郭家大院传统建筑群（如图3-19）。

　　类型5-2同样也是由下屋、上屋及两厢房4栋相互分离的建筑围合后，再由围墙封闭而成的宅院，只是没有类型5-1那么规整。全村仅有1处，为A-6，也是属于郭家大院传统建筑群（如图3-20）。

　　第6类平面形态呈"日"字形的民居，如前所述，在下屋、上屋及两厢房所构成的四面围合单元的基础上，在两厢房靠近下屋的山墙之间建隔墙，中间设门，使院子形成前后两个独立的空间，形成"二进"院

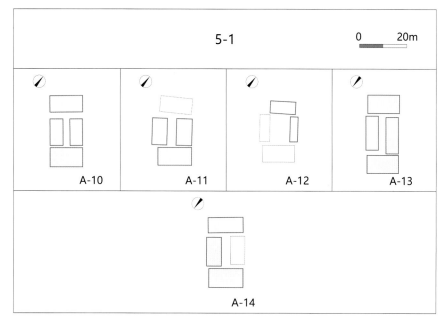

图 3-19　类型 5-1 平面形态呈"口"字形院落

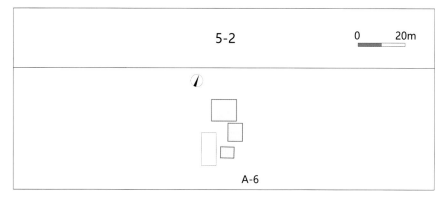

图 3-20　类型 5-2 平面形态呈"口"字形不规整院落

落的宅院。全村只有1处，为 A-17，也是属于郭家大院传统建筑群（如图3-21）。

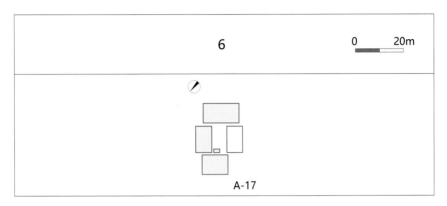

图 3-21　类型 6 平面形态呈"日"字形院落

　　第7类平面形态为复合型，是在下屋、上屋及一侧厢房所构成的三面围合单元的基础上，沿中轴线在上屋的后面增加一栋上屋，两栋上屋一起构成两面围合的单元，这样就形成了有两个单元的"二进"院落。全村只有1处，为 A-9，也是属于郭家大院传统建筑群（如图3-22）。

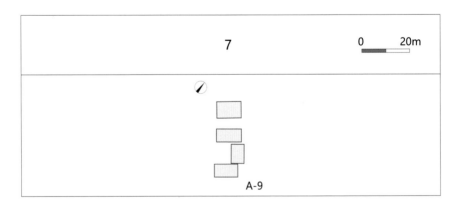

图 3-22　类型 7 平面形态为复合型的"二进"院落

二、郭家大院的空间构成

2016年4月我们开始对郭家大院进行详细调查，对现存的建筑进行测绘及历史信息分析，对已经毁坏建筑的位置、规模以及空间关系进行了调查分析。郭家大院主体建筑群所在的 A 片区遗存的单体建筑共有54栋，B 片区遗存的单体建筑共有16栋。2011年大雨后，郭家大院主体建筑群所在的 A 片区西侧发生滑坡，导致临近台地边缘的3栋建筑严重损坏，目前已成为废墟。另外 B 片区也有2处建筑垮塌成了废墟，因此未作为单体建筑计入总数。但为了对院落空间进行解析，将其所在空间位置、形态等信息一同进行院落空间分析（如图3-23）。

在 A 片区的中间位置，有一条接近东北西南走向的主街，郭家大院的主要院落沿主街南北分布[1]，分别向后展开各三排院落（如图3-24、图3-25）。

主街南侧第一排有两个平面形态呈"口"字形四面围合的院落 A-13 和 A-14。第二排东边是一个平面形态呈"U"形的三面围合院落 A-15，西边为一个平面形态呈"二"字形的两面围合院落 A-16。第三排东边是平面形态呈"一"字形仅有一栋房屋的开放院落 A-19，西边是前后有两个独立空间平面形态呈"日"字形的"二进"院落 A-17，最西边是一处平面形态呈"一"字形仅有一栋房屋的开放院落 A-18。

主街北侧第一排东边是一处平面形态为复合型的"二进"院落 A-9，

---

[1] 主街与东西方向轴线有逆时针旋转约40°的角度，实际接近东北—西南走向，但当地居民习惯地按照东西方向来理解和说明主街的走向。院落的中轴线、房屋的位置、朝向等也是这样理解。因此，我们在文中也尊重当地居民的习惯，来介绍方位、建筑的朝向以及建筑的命名。

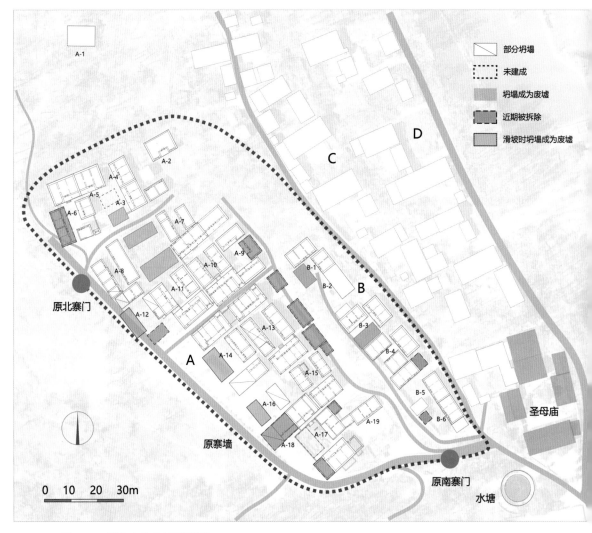

图 3-23　郭家大院片区平面图

另有三处平面形态呈"口"字形的四面围合院落 A-10、A-11 和 A-12。
第二排是两个平面形态呈"二"字形的两面围合院落 A-7、A-8。相隔
一条小路，第三排有五个院落，东起第一个是平面形态呈"一"字形的
住宅 A-2，其次是平面形态呈"U"形的三面围合院落 A-3，A-3 北侧是

图 3-24 从坡上俯瞰主街南侧片区（A-13 院）

图 3-25 从坡上俯瞰主街北侧片区（A-9 院）

平面形态呈"一"字形的住宅 A-4（A-3、A-4两个宅子曾经共用一个出入口），再次是平面形态呈"一"字形的宅院 A-5（和 A-6院也共用同一出入口），最西边是平面形态呈"口"字形的不规整院落 A-6。远离 A 片区建筑群靠北约50米处，还有一栋平面形态呈"一"字形的无围墙围合住宅 A-1。

B 片区建筑群是郭家大院的部分居民在郭家大院主要院落建成之后在此修建的。北起第一个是平面形态呈"U"形的三面围合住宅 B-1，其次是平面形态呈"一"字形的住宅 B-2，第三、第四个是平面形态呈"U"形的三面围合宅院 B-3、B-4，第五个也是平面形态呈"U"形由上屋、贴着上屋山墙的一栋小房屋、上屋前方两侧房屋形成的三面围合宅院 B-5，第六个是平面形态呈"L"形由上屋、贴着上屋山墙另建的一栋小房屋、上屋前方一侧的一栋小房及围墙围合形成的封闭院落 B-6。

（一）A-13 院

A-13院位于 A 片区主街南侧，东起第一个院落，平面形态呈"口"字形，由4栋相互分离的建筑围合，属于比较规整的5-1类。

从平面构成上看，A-13院由下屋（a-31）、东厢房（a-32）、西厢房（a-33）、上屋（a-34）构成的四合院。沿中轴线布置下屋和上屋，之间布置东西基本对称的厢房。但与常见的坐北朝南四合院不同，A-13院的上屋背朝南面向北，院落的大门开在院落的北侧，算是坐南朝北的院落（如图3-26、图3-27）。[1]

---

[1]　院落中轴线与南北轴线形成顺时针旋转约39°的夹角，基本上算是"坐南朝北"，准确地说应该是"坐东南朝西北"。

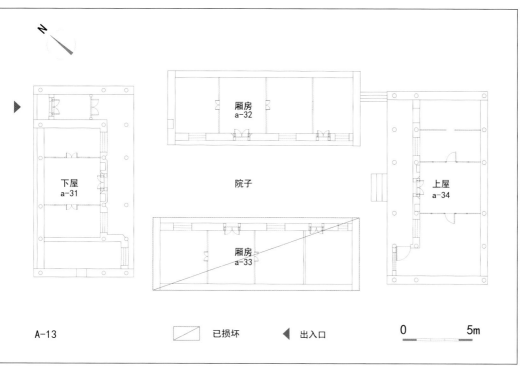

图 3-26 A-13 院平面图

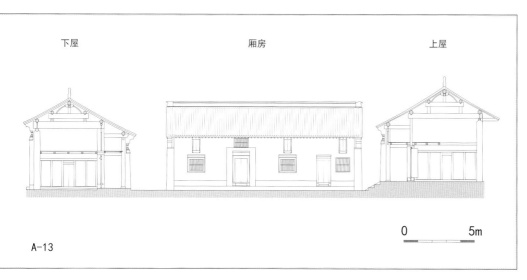

图 3-27 A-13 院立面图

　　下屋是一栋硬山式抬梁结构的双坡屋顶建筑，面宽五间，面向院内带有前檐廊（如图3-28、图3-29）。院落的大门位于最东侧的一间，门道宽约1.7米。A-13院的门道里设置有两道门，第一道门位于檐檩下稍稍收进一点的位置（如图3-30）。穿过第一道门，在距离第一道门约2.8米的位置还有第二道门，显示出极强的防御性特征（如图3-31、图3-32）。穿过第二道门不会直接看到院内及上屋，迎面正对大门的是东厢房的北山墙，山墙上开有一壁龛（如图3-33），用来供奉土地公，右转便进入院内。

图3-28　从东边看下屋

图 3-29 从院外看 A-13 院

图 3-30 A-13 院大门

图 3-31 第二道门

图 3-32　第二道门内侧　　　　　　　　　　图 3-33　正对大门的厢房山墙

　　下屋的最西边一间是一个独立的空间，在檐檩位置的下方砌墙，将檐廊部分封入室内，向院内开窗，在西边山墙上开有一门，作为出入口（如图3-34、图3-35）。下屋的房门开在正中间一间。进入室内，中间一间与两边两间之间用木质隔墙分隔，形成三个独立的空间（如图3-36）。两边的两间分别面向院内开窗，各自在木质隔墙的正中开门，通过此门进出两边两间的室内（如图3-37）。

　　传统民居一般以间为单位，数间联合共用一个屋顶组成一栋房屋。

图 3-34　从西边看下屋　　　　　　图 3-35　下屋西边一间的出入口

为了维持中轴对称，房屋间数多用奇数。以常见的三开间"一明两暗"房屋为例，中间一间称为"明"间，两边两间称为"暗"间。在空间组织上，中间一间位于中轴线上，功能方面作为相对"公"的堂屋使用，两边的两间作为相对"私"的内室使用，公私分明。中间一间开门，两边两间开窗，进出两内室的门设置在中间一间室内，使内室具有良好的私密性。A-13院的下屋除去东边的一间作为门道和西边的一间独立空间，中间三间的空间形式与常见的"一明两暗"格局相同（如图3-38）。

图 3-36　从下屋看院内

图 3-37　中间与东边一间的木隔墙

图 3-38 从上屋看下屋及东西厢房

下屋是六檩抬梁式构架,是在五架梁(详见第五章"梁架结构")的基础上增加了一排外檐柱,柱头上放置抱头梁,抱头梁下方还有穿插枋。梁端上部放置檩条支撑屋面形成檐廊,屋面外观一坡长一坡短。这样在院宽不变的情况下增加前檐廊作为外廊,可增加房屋的整体进深,同时也增强了室内与室外的联系。

　　下屋的室内部分通过木质楼板分隔成上下两部分空间，正中一间设有木梯可上二层。二层正中一间开有木格亮窗，两边开有木板窗。在豫西地区的传统民居调查中常见这样用木质楼板分隔成上下两部分空间的情况，上层空间一般用来放置粮食、杂物等。据 A-13 院的居民说，在居住空间最紧张的时候也曾在二层居住过。

　　下屋的台基主要用石材及青砖修造。墙体主要由石材、青砖、土坯等砌筑。东山墙的下半部分主要用石材砌筑。下屋的西山墙表面材料整体使用青砖，东山墙的山尖及墙身的上部也用青砖砌筑，这样从西向东望去整体为青砖墙面，从东边的台地向西望去，东山墙的显眼位置也为青砖墙面，这样做既能够很好地保护建筑物，也显得更为美观。土坯则主要用于后背墙及填充砖石以外的部分。

　　东厢房是四间硬山式抬梁结构的双坡屋顶建筑，三檩抬梁式构架，没有前檐廊，屋面外观两坡一样长（如图3-38）。

　　东厢房最南侧的一间开有一门一窗，与北边三间内部有隔墙分隔，形成独立的小空间。东厢房北边三间内部空间与"一明两暗"格局一致，中间一间开门，两侧开窗，中间与两侧两间之间设有木质隔墙，将内部分隔成三个独立的小空间，通过屋门进出中间一间，再通过木质隔墙上的小门进出两边室内。

　　东厢房同样也有上下两层空间，除南边一间的门上没有亮窗外，其他门窗上都开有亮窗（如图3-39）。北边三间开门的一间中间靠近后背墙的位置设有可上二层的木梯。

　　西厢房与东厢房外观上非常相似，也是四间硬山式抬梁结构的双坡屋顶建筑，三檩抬梁式构架，没有前檐廊，屋面外观两坡一样长。最南边的一间开有一门一窗，门窗上还各自开有一个亮窗（如图3-39）。内部与其他三间之间设有隔墙，形成一个独立的小空间。西厢房北边的三

图 3-39　从下屋看东西厢房和上屋

间也是在中间一间开门，两侧的两间开窗，从外观、内部空间组织上看都与常见的"一明两暗"建筑相同。从屋门进入北边三间的室内，室内部分也通过木质楼板分隔成上下两部分空间，两边两间的窗户上开有亮窗。2016年调查时西厢房的屋顶和后背墙已经局部坍塌，后经过修缮基本恢复了原来的面貌[1]。

_____

[1]　曾经设有上二层的木梯，2016年调查时建筑已经严重损坏，木梯已不知去向。东厢房在2017年进行了修缮。

图 3-40　上屋

　　石材主要用于东西厢房墙基及山墙的下半部分。青砖主要用于墙体的下部、山墙的墀头、门窗的框架等处。其他部分主要是用土坯垒砌。

　　上屋也是五开间硬山式抬梁结构的双坡屋顶建筑，面向院内出前檐廊（如图3-40）。上屋的两侧两间内部分别连通为一室，中间一间与两侧的两间之间修有木质隔墙，形成中间空间小、两边空间大的三个独立空间。中间为堂屋，两边为内室。两边室内的木质隔墙上各开有一门，可通过此门进出两侧室内（如图3-41）。东边两间中西边的一间开有一窗，东边的一间开有一门，也可通过此门进出室内。西边两间中东边的一间开有一窗，西边的一间在檐柱的下方砌墙，将檐廊部分封入室内，面向院内也开有一窗，在檐廊处也开有一门，也可通过此门进出室内。与常见的"一明两暗"格局不太一样。室内部分也是通过木质楼板分隔成上下两部分空间，正中一间设有木梯可上二层。

图 3-41　上屋内部隔墙

　　上屋是六檩抬梁式构架，在房间的进深方向放置由立柱支撑的大梁，大梁上同样承托五根檩条，也是在五架梁的基础上面向院内立檐柱，柱头置抱头梁，梁端置檩条支撑屋顶构成檐廊，形成六檩的面向院内一坡长、面向院外一坡短的外观形态。不同的是，抱头梁下方也有穿插枋，穿插枋上方也铺有木质楼板，将檐廊的穿插枋以上至屋顶部分也纳入二层的室内部分，将上屋的二层内部连通为一个整体。中间一间在檐檩下方设三扇木格窗，东西各两间的檐檩下各设三扇木板窗。与常见的带檐廊建筑的结构也不太一样（如图3-42、图3-43）。

　　石材主要用于墙基及山墙部分。青砖主要用于建筑的四角、山墙的山尖、墀头、门窗的框架等显眼部位。土坯同样也是主要用于后背墙，及填充砖石以外的缝隙。

图 3-42　从东边看上屋　　　　　　　　图 3-43　从西边看上屋

（二）A-15 院

A-15院位于 A 片区主街南侧，A-13院的后面，平面形态呈"U"形，由3栋相互分离的建筑围合，属于4-1类。

从平面构成上看，由西厢房（a-35）、东厢房（a-36）和上屋（a-38）构成三面围合的院落。由于紧邻 A-13院的上屋，与其一起形成四面围合之势。院落出入口位于 A-13院的上屋与 A-15院的东厢房北山墙之间。上屋同样也是背南面北，院落也是属于坐南朝北院落（如图3-44、图3-45）。

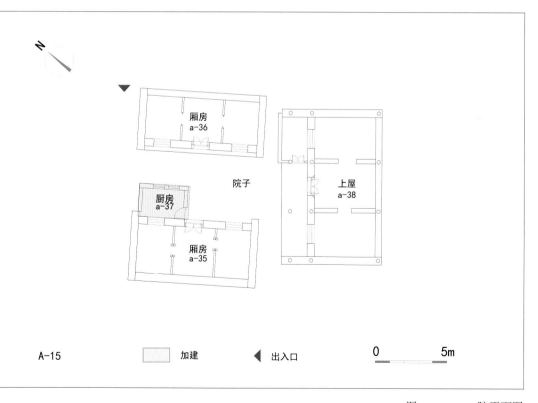

A-15　　　□ 加建　　　◀ 出入口　　　0　　　5m

图 3-44　A-15 院平面图

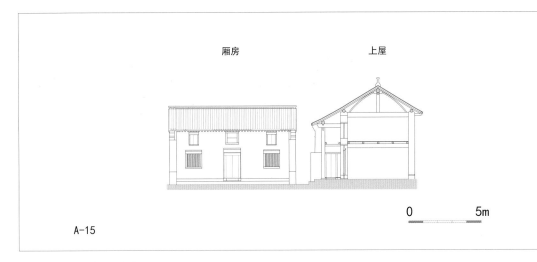

厢房　　　　　　　　　　上屋

0　　　　　　5m

A-15

图 3-45　A-15 院立面图

　　西厢房是三开间硬山式抬梁结构的双坡屋顶建筑，三檩抬梁式构架，无前檐廊，屋面外观两坡一样长。中间一间开门，两边两间开窗，大门和两边两间的窗户上都开有亮窗。三间内部由隔墙分隔成三个独立的空间，中间一间是堂屋，两边两间为内室，是典型的三开间"一明两暗"格局。室内部分也通过木质楼板分隔成上下两部分空间，在中间一间与南边一间隔墙靠近房门的位置留有可上二层的开口，靠木梯可上下二层。二层主要堆放不常用的器物等。曾经在人员最多的时候，居住空间紧张，西厢房的居民还在靠近北边一间的外面搭建一个小屋来做厨房（a-37）使用。

　　东厢房的情况和西厢房几乎完全相同，好似西厢房的镜像（如图3-46）。

　　上屋是三开间硬山式抬梁结构的双坡屋顶建筑，面向院内出前檐廊（如图3-47）。

图 3-46 从上屋看向院子

图 3-47 上屋

图 3-48　上屋的梁架

　　上屋房门开在正中一间，两侧的两间开窗，进入室内，中间与两侧两间用土坯砌筑隔墙分隔成独立的三间，也是典型的"一明两暗"格局。木质楼板将空间分为上下两部分，中间一间靠近后背墙的位置留有开口，可用木梯上下二层。

　　上屋是四檩抬梁式构架（如图3-48），是在三架梁的基础上增加了一排外檐柱，柱头置抱头梁，抱头梁下方有穿插枋，梁端置檩条，形成四檩的带前檐廊构架，面向院内带前檐的一坡长，面向院外的一坡短。上屋东边一间的檐廊部分也用土坯围合出一个小空间来做厨房使用。

　　该院建筑的台基主要用石材及青砖修造。墙体主要由石材、青砖、土坯等砌筑。

（三）A-14 院

　　A-14院位于 A 片区主街南侧，东边起第二个院落，平面形态呈"口"

字形，由4栋相互分离的建筑围合，属于比较规整的5-1类。

　　从平面构成上看，由下屋（a-39）、东厢房（a-40）、西厢房（已不存在）、上屋（a-41）构成四面围合的四合院。沿中轴线布置下屋和上屋，之间布置东西基本对称的厢房。上屋背朝南面向北，院落的大门也开在北侧，该院也算是坐南朝北的院落（如图3-49、图3-50）。2011年的大雨时台地西侧曾经发生滑坡，由于临近 A 片区台地的西侧边缘，A-14 院上屋的一半以及整个西厢房坍塌。

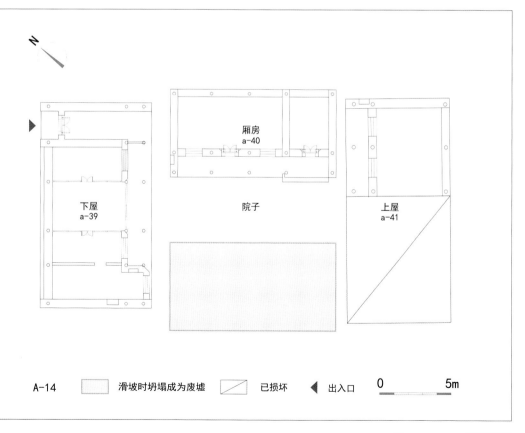

厢房 a-40

下屋 a-39

院子

上屋 a-41

A-14 　 ▨ 滑坡时坍塌成为废墟 　 ◪ 已损坏 　 ◀ 出入口 　 0 　 5m

图 3-49　A-14 院平面图

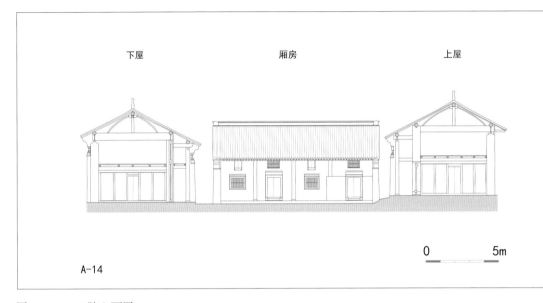

图 3-50　A-14 院立面图

　　下屋是硬山式抬梁结构的双坡屋顶建筑，面宽五间，面向院内带有前檐廊。下屋是四檩抬梁式构架，是在三架梁的基础上增加了一排外檐柱，柱头上放置抱头梁，梁端上部放置檩条支撑屋面形成檐廊，屋面外观一坡长一坡短。院落的大门位于最东侧的一间（如图3-51、图3-52），进门穿过门道，不会直接看到院内及上屋。迎面正对大门的是东厢房的北面山墙，山墙上开有一壁龛，用来供奉土地公（图3-53），右转便进入院内（图3-54）。

　　下屋的房门开在正中一间，原有四扇木隔扇门，门上为横披窗。郭家大院基本见不到用一间的面宽在两柱之间设置四扇隔扇门的情况，A-14院下屋中间的这间为唯一一例。遗憾的是主人外迁以后四扇隔扇门丢失，后来房主无奈用木板将大门封闭。两边的两间各自开有木窗，窗上也开有亮窗，后来房主用土坯将窗户封闭。最西边的一间在檐檩下砌墙，直接将檐廊部分封入室内，增大了室内空间，墙上开有一窗用于采

图 3-51　大门　　　　　　　　　图 3-52　从主街东侧看下屋

图 3-53　东厢房北山墙上的土地壁龛　　　　　　　　图 3-54　从院内看下屋及门道

光通风，最后也被封闭（如图3-55）。进入室内，中间一间与两边的两间之间用木质隔墙分隔 (2016年调查时中间与东边一间用土坯墙分隔)，中间一间作为堂屋，两边两间为内室。西边两间之间还用土坯墙分隔成两个空间，墙上开有门洞，这样最西边一间作为内室的套间，私密性更好。

下屋室内的正中间一间没有楼板，从这里可直接看到屋顶和梁架结构，两边是通过木质楼板分隔成上下两部分空间，在正中一间设有楼梯上下二层。2016年调查时屋内的楼梯已不存在。

图 3-55　从院内看下屋与东厢房

图 3-56 东厢房

　　下屋的台基主要用石材及青砖修造。墙体主要由石材、青砖、土坯等砌筑。下屋的西山墙表面材料整体使用青砖，东山墙的山尖及墙身的上部也用青砖砌筑，这样从西向东望去整体为青砖墙面，从东向西望去东山墙的显眼位置也为青砖砌面，既利于建筑的保护，也更为美观且较为节省用砖。

　　东厢房是四开间硬山式抬梁结构的双坡屋顶四檩带前檐廊建筑，外观也是面向院内一坡长，面向院外一坡短（如图3-56）。

　　东厢房最南侧的一间开有一门，门上开有亮窗，与北边三间内部有隔墙分隔，形成独立的小空间。东厢房北边三间内部空间与"一明两暗"

格局一致，中间一间开门，两侧的两间各自开窗，门窗上也各自开有一亮窗。中间与两侧两间之间设有隔墙，分隔成三个独立的小空间，通过中间一间的房门进出，再通过隔墙上的小门进出两边室内。北边三间中的中间一间与北边一间之间的隔墙为木质隔墙，与常见的木质隔墙相似；而中间一间与南边一间的隔墙为竹材制成，比较少见（如图3-57）。

　　室内同样也有上下两层空间，也与其他常见"一明两暗"格局的房屋不同，北边三间中间一间的楼板铺满了整个空间，没有留出可上二层的开口。可上二楼的开口及木梯设置在厢房最南边独立的一间室内。这样的布局或更有利于堂屋室内家具的布置。

　　西厢房在2011年大雨时全部坍塌，据说西厢房也是四开间硬山式抬梁结构的双坡屋顶四檩带前檐廊建筑，外观也是面向院内有檐廊的一坡长，面向院外的一坡短。与东厢房规模上相当、位置上对称排列，但空

图3-57　竹材隔墙

间布局却与东厢房不同。西厢房北边两间中最北边的一间开有一窗，南边一间开有一门，两间内部由木质隔墙分隔成两个空间，带窗的一间为内室，带门一间为堂屋，为"一明一暗"格局。南边的两间中，最南边的一间开有一窗，北边一间开有一门，两间内部同样由木质隔墙分隔成两个空间，带窗的一间为内室，带门的一间为堂屋，也是"一明一暗"格局，好像北边两间的镜像。西厢房室内部分也是通过木质楼板分隔成上下两部分空间，两边各自开门的一间里留有可上二层的开口，有木楼梯可上下二层。西厢房好似两栋"一明一暗"建筑的组合，虽然与东厢房的规模相当、位置对称，但由于空间格局的不同、门窗的位置不对应，因此两栋建筑外观上并不对称。

　　上屋面宽五间，面向院内带有前檐廊，是硬山式抬梁结构的双坡屋顶建筑。上屋是四檩抬梁式构架，在房间的进深方向放置由立柱支撑的大梁，大梁上同样承托三根檩条，也是在三架梁的基础上面向院内立檐柱，柱头置抱头梁，梁端置檩条支撑屋顶构成檐廊，形成四檩的面向院内一坡长、面向院外一坡短的外观形态。上屋的东边两间内部连通为一室。据说西边两间内部也连通为一室。中间一间与东西两间之间修有木质隔墙，形成中间空间小、两边空间大的三个独立空间，中间为堂屋，两边为内室。两边室内的木质隔墙上各开有一门，经由此门进出两侧室内。东边的两间各开有一窗，窗上也开有亮窗，西边两间据说也是同样的结构。上屋也算是"一明两暗"格局，只是"一明"小，"两暗"大。室内部分也是通过木质楼板分隔成上下两部分空间，正中一间也曾设有木梯上下二层。2016年调查时仅剩下东边两间（如图3-58）。

　　东厢房和上屋的台基主要用石材及青砖修造。墙体主要由石材、青砖、土坯等砌筑。

图 3-58   破损的上屋

（四）A-10 院

A-10院位于 A 片区主街北侧，东起第二个院落，与主街南侧的 A-13 院隔街相对，由4栋相互分离的建筑围合而成，平面形态呈"口"字形，属于比较规整的5-1类。

从平面构成上看，A-10院由下屋（a-20）、东厢房（a-19）、西厢房（a-18）和上屋（a-17）四面房屋构成的四合院。沿中轴线布置下屋、上屋，之间布置两侧基本对称的厢房，算是坐北朝南的宅院[1]，该院也是村里保存最为完好的院落（如图3-59、图3-60）。

---

[1]   院落中轴线与南北轴线形成逆时针旋转约39°的夹角，基本上算是"坐北朝南"，准确地说应该是"坐西北朝东南"的四合院。

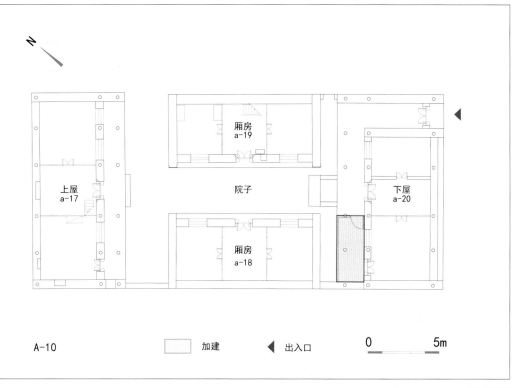

图 3-59　A-10 院平面图

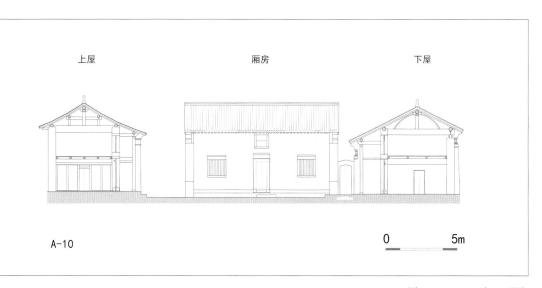

图 3-60　A-10 院立面图

图 3-61　供奉土地公的壁龛

图 3-62　左转进入院内

下屋是一栋五开间硬山式抬梁结构的双坡屋顶建筑，面向院内带有前檐廊。院落的大门与门道占据最东侧的一间，大门宽约1.7米，进门穿过门道不会直接看到院内及上屋。迎面正对大门的是东厢房的南山墙，墙壁开有一壁龛，用来供奉土地公（如图3-61）。左转进入院内（如图3-62）。

下屋（如图3-63）的房门开在正中一间，门上开有亮窗。西边的两间内部连通，与中间一间用木质隔墙分隔形成两间为一室的独立空间，隔墙上开门进出室内。西边两间中东边的一间开有一窗，西边的一间也开有一门，也可通过此门进出西边两间的室内。东边两间除去最东边大门及门道占去的一间还有一间，与中间一间之间也建有隔墙，使东边一间形成独立空间，隔墙

图 3-63　从院内看向下屋

上开门进出室内，也开有一窗。下屋的空间形式与常见的"一明两暗"
格局有所不同。据说中间一间最早是作为客厅使用，两侧的内室是作为
卧室使用。该院居住的居民还介绍，曾经在东西厢房的南山墙之间建隔
墙，中间开一门作为院落二门，将院落分隔出前后两个空间，前面以会
客为主，后面以居住为主。另外，下屋的大门不能与上屋的房门正对，
从外面也不能直接看到院内及上屋的情况，所以建隔墙开出二门。老人

说，过去未结婚的小姐"大门不出，二门不迈"，其中的"二门"讲的就是此门。居民已经说不清二门以前的具体情况，二门的遗迹也已无法确认。

下屋的室内部分也是通过木质楼板分隔成上下两部分空间，正中间有开口，设有木梯可上下二层。二层正中一间开有木格亮窗，两边的两间开有木板窗。

下屋也是四檩抬梁式构架，在三架梁的基础上增加了一排外檐柱，柱头置抱头梁，抱头梁下方有穿插枋。梁端置檩条形成四檩的面向院内一坡长、面向院外一坡短的外观形态（如图3-64）。

下屋的台基主要用石材及青砖修造。墙体主要由石材、青砖、土坯等砌筑。下屋东山墙紧贴 A-9院的下屋，高出 A-9院的下屋一部分，露出的部分用青砖砌筑，西山墙则整体用青砖砌筑，这样从两边望去山墙更为美观。

图 3-64　下屋面向院子的出檐

　　东西两边都是三间硬山式抬梁结构的双坡屋顶的厢房，没有前檐廊（如图3-65、图3-66）。

　　东厢房的中间一间开门，两侧的两间开窗。中间与两边两间之间设有木质隔墙，将内部分隔成独立的三个小空间。通过房门，再通过隔墙上的小门进出两边室内，与"一明两暗"格局一致。东厢房是三檩抬梁式构架，室内部分也通过木质楼板分隔成上下两部分空间，正中一间正对大门的靠墙壁处设有上下二层的木梯，二层正中一间开有亮窗（如图3-67、图3-68）。

　　西厢房外观看上去是"一明两暗"格局的特征，在2016年进行调查时由于居民已经迁出，大门上了锁，未能进入调查。据说和东厢房一样也是中间一间与两边两间由木质隔墙分隔的空间形式，同样也有上下两层空间，只是二层的三间每间都开有亮窗。

图 3-65　东厢房

图 3-66　西厢房

图 3-67　厢房中间一间

图 3-68　东厢房中间一间与南边一间的隔墙

东西厢房的台基也是用石材及青砖修造。墙体主要由青砖、土坯砌筑。

上屋是五开间硬山式抬梁结构的双坡屋顶建筑，面向院内出前檐廊（如图3-69至图3-73）。

上屋的中间一间与两侧的两间之间有木质隔墙，形成中间一间小、两边两间大的三个独立空间。室内的隔墙上开门，通过中间一间进出两侧的室内。东边的两间开窗，西边的两间开有一门一窗。目前从室内不能进入西边两间，需要通过最西边一间开的屋门进出室内。这屋门应该是改造房子时新开的出入口。

室内同样由木楼板分隔出上下两层，上二层的楼梯设置在中间一间靠近屋门的位置。二层的正中间一间开有木格亮窗，两边的两间开有木板窗。

图 3-69   上屋的西侧

图 3-70   上屋的东侧

图 3-71   上屋的正面

图 3-72   上屋的中间一间

图 3-73　上屋中间一间与东边一间的隔墙

　　上屋是六檩抬梁式构架，也是在五架梁的基础上面向院内立檐柱，柱头置抱头梁，梁端置檩条形成六檩的面向院内一坡长、面向院外一坡短的外观形态。在房间的进深方向放置由立柱支撑的大梁上同样承托五根檩条，但与常见的五架梁中间承托三架梁的情况有所不同，梁正中设置瓜柱支撑脊檩，脊檩与两侧檐檩之间的位置又各立一瓜柱，各支撑一单步梁，梁端又各承托檩条（如图3-74）。

　　上屋檐廊西山墙曾开有一门洞，可与西边的院落连通，此门也已砌砖墙封堵。

　　上屋的台基主要用石材及青砖修造。墙体主要由石材、青砖、土坯等砌筑。

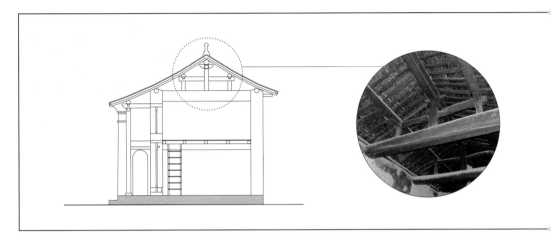

图 3-74　上屋梁架

（五）A-9 院

A-9院位于 A 片区主街北侧，东起第一个院落，按照建筑平面形态分类属于第7类复合型，在由三栋相互分离的建筑围合成一个单元的基础上，沿中轴线在后面增加一栋建筑，又构成一个两面围合的单元而形成的"二进"院落（如图3-75）。

从平面构成上看，由下屋（a-24）、东厢房（a-23）、上屋（a-22）构成三面围合的第一个空间。上屋的后墙与 A-10院东厢房的北山墙平齐，一进院上屋的西山墙比下屋的西山墙略向东缩进，与 A-10院东厢房的后背墙之间只留有1米的缝隙，作为通向二进院的通道。一进院东厢房的后背墙超出上屋东侧山墙1.2米。沿中轴线在第一个院子上屋后面布置第二个上屋（a-21），构成两面围合的第二个单元。二进院西侧与 A-10院连通，东侧与外部连通。A-9院整体看上去是外边界不算整齐的二进院落，基本上算是坐北朝南（如图3-75、图3-76）。

A-9院位于 A-10院的东侧，在主街面没有独立的出入口，需通过

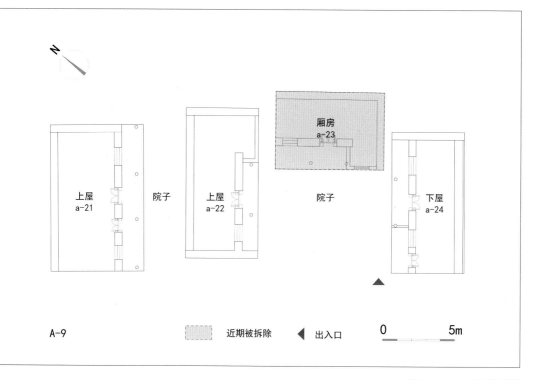

图 3-75 A-9 院平面图

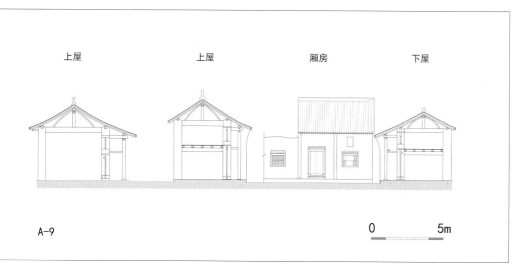

图 3-76 A-9 院立面图

A-10院进出。进入 A-10院，A-10院的东厢房与下屋的东山墙之间修有隔墙，隔墙中间开有小门就是 A-9院的出入口（如图3-77、图3-78）。

图 3-77　从 A-10 院进出 A-9 院的出入口

图 3-78　从院内看向进出 A-9 院的出入口

A-9院的下屋是一栋三开间悬山式抬梁结构的双坡屋顶建筑，面宽三间，面向院内带有前檐廊（如图3-79）。下屋中西边一间内部与其他两间分隔，开有一门一窗。中间一间开门，另外一间开窗。由于长期无人使用，损坏严重，无法进行内部调查。

东厢房同样是三开间悬山式抬梁结构的双坡屋顶建筑，也是面向院内带前檐廊，北边的一间在檐檩下砌筑土坯墙，将檐廊部分的空间封闭到室内。中间一间开门，北边的一间开窗。2016年调查时，该房已经严重破损，北边一间的屋顶几乎全部坍塌（如图3-80）。

第一进院的上屋（a-22）也是三开间悬山式抬梁结构的双坡屋顶建筑，带有前檐廊，东边一间也是为了拓展室内使用空间，在檐檩下砌筑土坯墙将檐廊部分封闭到室内，中间一间开门，西边的一间开窗，门窗上各自开有亮窗（如图3-81、图3-82）。

图 3-79　下屋

图 3-80　东厢房

图 3-81　一进院的上屋

图 3-82　从东侧看一进院的上屋

经由一进院上屋西山墙与 A-10 院东厢房后背墙之间的通道，可进入第二进院。第二进院的上屋（a-21）与下屋面宽基本同宽，是一栋三开间硬山式抬梁结构的双坡屋顶建筑，也带有前檐廊，进深浅于 A-10 院的上屋，高度也小于 A-10 院的上屋。中间一间开门，东边一间开窗，上方各自开有亮窗。西边的一间开有一门一窗，门上也开有亮窗。虽然无法进入调查，但从外观上看也不是"一明两暗"格局（如图3-83）。

A-9 院的房屋都是四檩抬梁式构架，在三架梁的基础上增加了一排外檐柱，柱头置抱头梁，梁端置檩条形成四檩带前檐廊的构架，外观形态一坡长一坡短。

A-9 院的房屋台基主要用石材修造。墙体几乎都是用土坯砖砌筑。A-9 院的房屋几乎没有用青砖的地方。

图 3-83　二进的三间上屋

（六）A-11 院

　　A-11院位于主街北侧，东起第三个院落，与主街南侧的 A-14院隔街相对，平面形态呈"口"字形，由四栋相互分离的建筑围合，属于比较规整的5-1类。

　　从平面构成上看，现存下屋（a-25）、东厢房（a-27）、西厢房（a-26），原有上屋在20世纪70年代坍塌，建筑台基仍清晰可见，可推断，A-11院应属于四面围合的四合院。原先应该也是沿中轴线布置下屋、上屋，之间布置两侧对称的厢房，也算是坐北朝南的院落。[1]A-11院西厢房的后背墙超出了下屋的西山墙2.6米（如图3-84、图3-85）。

---

　　[1]　上屋与下屋的开间水平方向并不平行，上屋开间方向水平线与南北轴线形成逆时针旋转约56°的夹角，南端下屋开间水平线与南北轴线形成逆时针旋转约50°的夹角。

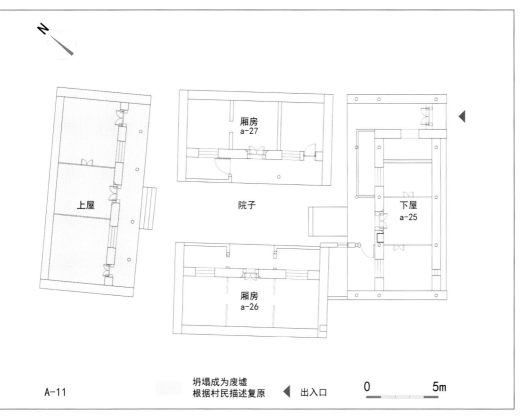

图 3-84　A-11 院平面图

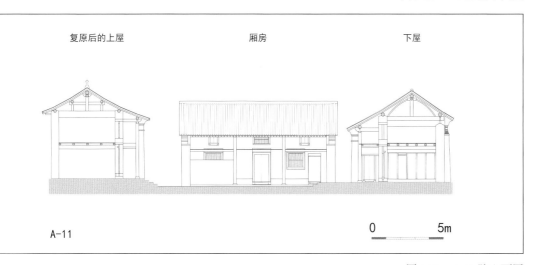

图 3-85　A-11 院立面图

下屋是一栋四开间硬山式抬梁结构的双坡屋顶建筑，面向院内带有前檐廊。院落的大门位于最东侧的一间，门道占去一间大约一半的空间（宽约1.8米），剩下的一半空间被独立分隔出来放置杂物。进入大门穿过门道，迎面正对着大门的东厢房南山墙上也开有一用来供奉土地公的壁龛，现在已经斑驳不易辨识（如图3-86）。下屋的西起第二间为堂屋（客厅），房门就开在这一间。堂屋与东西两间之间用木质隔墙分隔成各自独立空间。堂屋两边的房间面向院内开窗，室内的隔墙上各自开门。四间的下屋除去最东边的一间作为门道以外，剩下三间的空间形式与常见的"一明两暗"格局相同（如图3-87）。

下屋室内部分同样也是通过木质楼板分隔成上下两部分空间，正中间一间设有木梯可上下二层。二层正中一间开有亮窗，两边开有木板窗。下屋也是四檩抬梁式构架，在三架梁的基础上面向院内立檐柱，柱头置

图 3-86 壁龛

图 3-87　从院内看向下屋

抱头梁，梁端置檩条形成四檩的面向院内一坡长、面向院外一坡短的外观形态。抱头梁下方有穿插枋。檐廊部分在穿插枋上也被铺上了楼板，同样也用来放置杂物工具等（如图3-88、图3-89）。东厢房后背墙与下屋的东山墙基本平齐，在下屋的东山墙和东厢房的南山墙之间有围墙，墙面留有出入口，从此处可以通往与隔壁 A-10院之间的缝隙（如图3-89）。

　　该房的台基主要用石材及青砖修造。墙体主要由石材、青砖、土坯等砌筑。与A-14院的下屋一样，A-11院下屋的西山墙表面材料也是整体使用青砖，东山墙的山尖及墙身的上部也是用青砖砌筑，同样从西向东望去整体为青砖墙面，从东向西望去东山墙的显眼位置也为青砖墙面。

图 3-88　檐廊上部的储物空间

图 3-89　下屋的檐廊

　　在下屋西侧一间的檐廊下与西厢房山墙之间的缝隙里搭建了一处用作厨房的新建筑，据村民讲是20世纪50年代人口多了分家以后建的。

　　东厢房是三间硬山式抬梁结构的双坡屋顶建筑，面向院内带有前檐廊。中间一间开门，北边一间开窗，南边一间开有一门一窗，中间一间与两边两间之间由隔墙分隔成各自独立的空间，隔墙上各自开门。需通过房门进入室内，再通过隔墙上的门进出北边一间室内。而南边的一间在窗子南边又开了一个门，应该是居民为了进出方便新开的，同时把室内中间一间和南边一间之间隔墙上的门也封堵了。东厢房原来应该也是典型的"一明两暗"格局。东厢房的室内部分也是通过木质楼板分隔成上下两部分空间，二层正中一间开有亮窗，两侧两间开有板窗（如图3-90）。在东厢房北边一间的檐廊下也用土坯围出了一个临时的小空间，曾经作为厨房使用。

图 3-90　东厢房

　　西厢房同样是三间硬山式抬梁结构的双坡屋顶建筑，面向院内带有前檐廊。中间一间开门，两边的两间各开一窗。中间一间与南北两间之间分别用木质隔墙分隔，隔墙中间开门。进入两边的室内需通过中间一间的房门进入室内，再通过木质隔墙上的小门进入两侧室内。空间形式是典型的"一明两暗"格局。室内部分也通过木质楼板分隔成上下两部分空间，二层正中一间开有亮窗，两侧两间开有板窗（如图3-91）。西厢房基本保持了原有的面貌，只是后来在北边一间的檐廊下用土坯围出了一个临时的小空间，作为厨房。

　　东、西厢房都是四檩抬梁式构架，在三架梁的基础上面向院内立檐柱，柱头置抱头梁，梁端置檩条形成四檩的面向院内一坡长、面向院外一坡短的外观形态。抱头梁下方有穿插枋，檐廊部分在穿插枋上也铺上了木板，同样用来放置杂物、木料、工具等。

图 3-91　西厢房

东、西厢房的台基也是用石材及青砖修造。墙体主要用土坯，墙基及山墙的下半部分主要用石材垒砌。建筑的四角及山墙的墀头等显眼部分用青砖。

上屋在20世纪70年代的大雨后坍塌，目前只有台基尚存，台基也是用石材及青砖修造。据村民讲，上屋的建筑形式、规格与东边的 A-10 院的上屋一样，都是五开间硬山式抬梁结构的双坡屋顶建筑，面向院内带前檐廊，面宽与下屋的宽度基本一致。但上屋是五开间的平面布局，单个开间的尺度应小于下屋单个开间的尺度（图3-92）。

据村民讲，下屋最早作为客厅而建，东、西厢房的南山墙之间曾经建有隔墙，中间开门作为院落二门，将院落分隔出前后两个空间。二门内还有类似于北京四合院垂花门的屏门，屏门只有重大活动时才打开。现在的居民已经说不清以前二门的具体信息，仅可看到二门的遗迹（如图3-93）。

图 3-92 上屋的台基

图 3-93　二门的遗迹

（七）A-12 院

A-12院位于主街南侧，东起第四个院落，平面形态呈"口"字形，由四栋相互分离的建筑围合而成，属于相对规整的5-1类。

从平面形态上看，A-12院是由下屋（a-30）、东厢房（a-29）、西厢房（已坍塌）、上屋（a-28）四面围合的四合院（如图3-94）。基本上也是沿中轴线布置下屋、上屋，之间布置两侧的厢房，也是坐北朝南的宅院。西厢房也是由于临近A片区台地的西侧边缘，在2011年的大雨时台地西侧的滑坡中全部坍塌。三开间的上屋最西边的一间也已经坍塌，仅留下两间。东厢房靠近上屋的一半也已经坍塌，只留下靠近下屋的一半。现存的两间下屋据说是在20世纪80年代新修的建筑，建筑规模、形态等已与原有的下屋有很大的不同。

　　遗存的下屋是一栋硬山式抬梁结构的双坡屋顶建筑，面宽二间，不带前檐。两间的下屋中间砌筑有土坯墙，将室内分隔成两个独立的空间。两间靠近中间土坯墙的位置各开有一门，靠近两边山墙的位置各开有一窗。据说是当时两家人用来养牛和堆放饲料、杂物的牛棚。

　　许多村民还记得原有下屋的样子，也是硬山式抬梁结构的双坡屋顶建筑，面宽四间，面向院内带有前檐廊，规模、形态与东边相邻的A-11院的下屋相似。院落的大门同样位于下屋最东侧的一间，进入大门穿过门道才能进入院内。原有下屋的房门也位于东起第三间正中位置。西边三间之间用木质隔墙分隔成三个独立的空间。两边两个独立的空间面向院内开窗，室内的隔墙上各自开门，通过房屋的大门再经此门

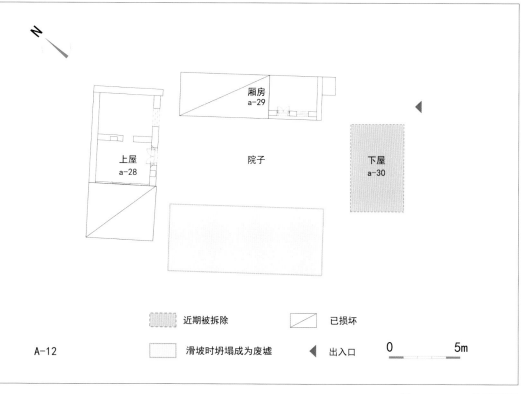

图 3-94　A-12 院平面图

进入两侧房间。除因最东边的一间作为门道，而使两侧的空间大小不一致外，空间形式与常见的"一明两暗"格局相同。室内部分又通过木质楼板分隔成上下两部分空间，正中间一间设有木梯可上下二层。二层正中一间开有木格亮窗，两边开有木板窗。

原有的下屋也是四檩抬梁式构架，在三架梁的基础上面向院内带前檐廊的双坡屋顶，面向院内一坡长，面向院外一坡短。损毁后又在原地重新修了面宽两间的建筑。

东厢房是三开间硬山式抬梁结构的单坡屋顶建筑，由于损坏严重，原有的空间结构已不易辨认。据村民讲，三开间东厢房的正中间砌筑有土坯隔墙，将三间分成南北两个等大的空间，两间分别在靠近中间隔墙的位置开有一门，在靠近两边山墙的位置开有一窗，作为两户居民的厨房使用。东厢房进深较浅，依附着 A-11 院西厢房的后背墙而建，梁架只有双坡屋顶三角形梁架的一半，因此外观形态上只有面向院内的一坡。像这样单坡屋顶建筑在豫西地区的民居中比较常见，在草庙岭村却极为少见。

据说原来的西厢房也是三开间硬山式抬梁结构的双坡屋顶建筑，三檩抬梁式构架，没有前檐廊，外观形态面向院内院外两坡一样长。空间结构与上屋相似，只是进深比上屋更浅，房门开在正中一间，两侧的两间开窗，中间一间与两侧两间用土坯墙分隔成独立的三间，也是"一明两暗"格局。

上屋是三开间硬山式抬梁结构的双坡屋顶建筑，没有前檐廊，三檩抬梁式构架，外观形态两坡一样长（如图3-95、图3-96）。正中一间开门，两侧的两间开窗，中间一间与西侧一间用木质隔墙分隔，与东侧一间用土坯墙分隔，形成独立的三间，也是典型的"一明两暗"格局。同样也是用木质楼板将室内空间分为上下两部分，中间一间有木梯可通向二层。

图 3-95　破损的上屋断面

图 3-96　遗留下来的两间上屋

A-12院的下屋、东西厢房及上屋的墙体主要用土坯砌筑，整院的建筑几乎没有用砖的地方。

（八）A-6院

A-6院位于主街北边的一条小路北侧，最西边的院落，平面形态呈"口"字形，由四栋相互分离的建筑围合而成，属于不太规整的5-2类。

从平面构成上看，A-6院是由下屋（a-11）、东厢房（a-10）、西厢房（a-12）、上屋（a-09）构成四面围合的四合院（如图3-97）。其是在一间

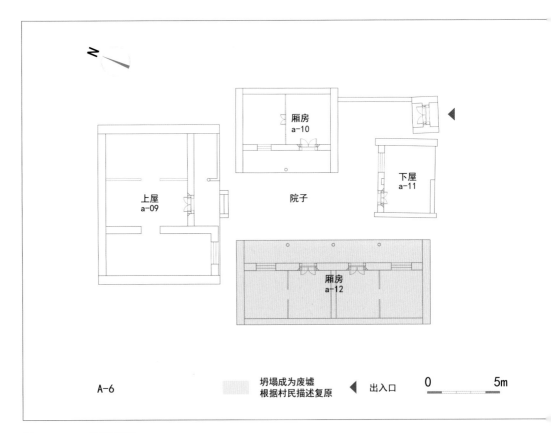

图 3-97　A-6 院平面图

下屋与三间上屋之间布置东边两间、西边四间不对称的厢房，也算是坐北朝南的宅院。西厢房由于临近 A 片区台地的西侧边缘，同样在2011年的大雨时台地西侧的滑坡中全部坍塌。

郭家大院其他院落的大门多占据下屋一侧的一间，进出院落需经过大门穿过门道。A-6院则完全不同，门楼与下屋相互独立，且两者之间还有20多厘米的缝隙。进入大门内也不会直接看到院内及上屋，迎面正对大门的是东厢房的南山墙，山墙上开有一壁龛，用来供奉土地公，左转便进入院内（如图3-98至图3-100）。

大门西边的下屋是一开间硬山式实墙搁檩的双坡屋顶建筑，从屋面外观上看两坡一样长。下屋室内无分隔，面向院内西边开有一门，东边开有一窗。面向院外靠近东边的位置开有一门。下屋没有用木构架，而是将檩条直接搁在两边的山墙上，然后又土坯砖垒砌将檩条封闭在山墙内（如图3-101）。下屋的外观、平面形态、承重结构等都与村里常见

图 3-98　大门、下屋、东厢房

图 3-99　大门、下屋

图 3-100　正对大门的土地公壁龛

的传统民居建筑有较大的不同。有人说该房看起来像店铺，也有人说最早是停车马的车马房。村里80岁以上老人也说不清该房曾经的确切用途。从下屋的所处位置及与院内房屋的对应关系看，下屋的东山墙与上屋的东山墙位置相当，略比上屋的东山墙靠西一点，下屋没有建得与上屋同宽，西边对应上屋西边一间的位置被东厢房占去。对应上屋中间一间偏西一点的位置留出了与东厢

图 3-101　下屋的屋顶

房之间的空间。

　　东厢房是两开间硬山式抬梁结构的双坡屋顶建筑，有前檐廊，两间的内部中间设有木质隔墙，形成两个独立的小空间，木质隔墙上开门。南边的一间开有一门，北边的一间开有一窗，门窗上还各自开有一个亮窗。南边一间作为相对"公"的堂屋使用，北边一间作为相对"私"的内室使用，通过南边一间的房门，再通过木质隔墙上的小门进出北边室内。从外观、内部空间组织上看，相对于"一明两暗"建筑而言，东厢房应属于"一明一暗"建筑，在村内比较少见（如图3-102）。

　　东厢房是四檩抬梁式构架，在房间的进深方向放置由立柱支撑的大梁，大梁上同样承托三根檩条，是在三架梁的基础上面向院内立檐柱，柱头置抱头梁，梁端置檩条支撑屋顶构成檐廊，形成四檩的面向院内一坡长、面向院外一坡短的外观形态。东厢房的室内部分也是通过木质楼板分隔成上下两部分空间，南边一间设有木梯可上下二层。

图 3-102　东厢房

　　西厢房在2011年的大雨时全部坍塌。据该院居民描述，西厢房是四开间硬山式抬梁结构的双坡屋顶四檩带前檐廊建筑，外观也是面向院内一坡长、面向院外一坡短。从遗迹上看西厢房的体量大约是东厢房的两倍，北边的两间与南边的两间中间至屋顶部分砌筑有土坯墙，将西厢房分隔为南北两部分。北边的两间中最北边的一间开有一窗，南边一间开有一门，两间内部由木质隔墙分隔成两个空间，带窗的一间为内室，带门的一间为堂屋。南边的两间中，最南边的一间开有一窗，北边一间开有一门，两间内部同样由木质隔墙分隔成两个空间，带窗的一间为内室，带门的一间为堂屋。室内部分也是通过木质楼板分隔成上下两部分空间，两边各自开门，一间里有木楼梯可上下二层。西厢房好似东厢房那样两栋"一明一暗"建筑的组合。这样的格局与A-14院原有的西厢房相似，在整个村落中极其少见。西厢房与东厢房的北山墙位置基本平齐，但由于西厢房比东厢房多出两间，西厢房的南山墙已经接近下屋西山墙的最南端，西厢房最南边的一间的窗子正面对着下屋的西山墙。

上屋是三开间硬山式抬梁结构的双坡屋顶建筑，面向院内出前檐廊。上屋的中间一间与两侧的两间之间修有木质隔墙，形成三个独立的小空间。室内的木质隔墙上各开有一门，可通过此门进出两侧室内。室内部分也是通过木质楼板分隔成上下两部分空间，正中一间设有木梯可上下二层。

上屋是四檩抬梁式构架，在房间的进深方向放置由立柱支撑的大梁，大梁上承托三根檩条，也是在三架梁的基础上面向院内立檐柱，柱头置抱头梁，梁端置檩条支撑屋顶构成檐廊，形成四檩的面向院内一坡长、面向院外一坡短的外观形态。与 A-13 院的上屋相似，但与其他的带前檐廊建筑不同，抱头梁下方也有穿插枋，穿插枋上方也铺有木质楼板，将檐廊的穿插枋以上至屋顶部分也纳入二层的室内部分，将上屋的二层内部连通为一个整体。中间一间在檐檩下方被分为三格，中间开亮窗，两边安置隔板。两边的两间据说原来也是同样的结构，近些年东边的一间檐檩下的木结构损坏之后用竹笆进行了遮蔽。一层的檐廊部分，也用土坯砌筑了矮墙，围合出一个半封闭的小空间，被当作厨房使用过。十几年前，用红砖对西边一间的西山墙及破损的墙体进行了修缮，也用红砖墙替代了室内中间一间与西边一间之间的木质隔墙，在檐檩下用红砖新砌筑了墙体，将檐廊部分整体纳入了上下层的室内，已不是原有的样子（如图3-103、图3-104）。

A-6院的下屋、东西厢房及上屋的台基也是用石材及青砖修造。后来修缮房屋时，部分墙体用红砖替换了原有的建筑材料以外，墙体主要用土坯砌筑，只有在山墙墀头的局部、墙体的下部，或是门窗的边框等用青砖砌筑以外，其他部分主要是用土坯填充。

图 3-103　从下屋看上屋

图 3-104　上屋

（九）A-17 院

A-17院位于主街南侧第三排西边，是前后有两个独立空间的二进院落。平面形态呈"日"字形，属于第6类，是在四合院的基础上，在靠近下屋（倒座）一侧的山墙上建隔墙，中间开门，形成内外两个独立空间的形式（如图3-105）。

从平面形态上看，A-17院是由下屋（a-43）、东厢房（a-44）、西厢房（未建成）、上屋（a-45）构成四面围合的四合院。A-17院与A-13院、A-14院一样，都是上屋背朝南面向北，院落的大门也开在院落的北侧，

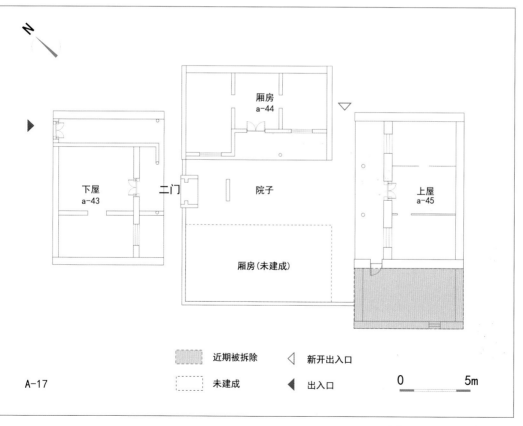

图 3-105　A-17 院平面图

算是坐南朝北的院落。与A-13院、A-14院不同的是，沿中轴线布置下屋和上屋，之间建了东厢房，与东厢房对称的西厢房虽由于某些原因未建成，但在西厢房北山墙所在位置与东厢房北山墙之间建了隔墙，中间开一门作为院落二门，将院落分隔出前后两个空间（如图3-106至图3-108）。

下屋是一栋硬山式抬梁结构的双坡屋顶建筑，面宽三间，面向院内带有前檐廊（如图3-109）。东边一间被院落大门和门道占去一部分，剩余部分与中间一间之间没有分隔。中间一间开门，西边一间开有一窗，门窗上各自开有亮窗。中间一间与西边一间之间用土坯墙分隔，使下屋的室内形成两个独立的空间，呈现"一明一暗"的特征，其中"明"间略大。A-17院与A-13、A-14、A-9等院的下屋开间数大于三间，除去大门及门道后，剩下的空间还能保持"一明两暗"的空间形式有所不同。下屋的室内也用木质楼板将空间分为上下两部分，中间一间有木梯可通

图3-106　A-17院下屋、大门

图 3-107　A-17 院二门

图 3-108　从上屋看下屋及二门方向

向二层。

下屋是四檩抬梁式构架，也是在三架梁的基础上增加了一排外檐柱，柱头置抱头梁，抱头梁下方有穿插枋。梁端置檩条形成四檩承托屋面的梁架，面向院内的一坡长，面向院外的一坡短。

东厢房是三开间硬山式抬梁结构的双坡屋顶建筑，面向院内出前檐廊。四檩抬梁式构架，也是在三架梁的基础上增加了一排外檐柱，柱头置抱头梁，抱头梁下方有穿插枋。梁端置檩条形成四檩承托屋面的梁架，面向院内的一坡长，面向院外的一坡短。2016年调查时东厢房的山墙及正面的墙体都用红砖进行过修缮，基本保持了原有的空间格局。房门开在正中一间，门上还开有亮窗。南边的一间开有一窗，北边的一间在以前修缮房屋时用红砖在檐檩下砌墙，墙上开窗，将檐廊部分纳入了室内（如图3-109）。东厢房中间一间与两侧两间之间用土坯砌筑隔墙分隔成独立的三间，也保持了"一明两暗"的格局特征。

图 3-109 东厢房

　　上屋同样也是三开间硬山式抬梁结构的双坡屋顶建筑，面向院内出前檐廊。上屋也是四檩抬梁式构架，在三架梁的基础上增加了一排外檐柱，柱头置抱头梁，抱头梁下方有穿插枋。梁端置檩条形成四檩承托屋面的梁架，面向院内的一坡长，面向院外的一坡短。房门也是开在中间一间，两边的两间开窗，门窗的上方还各自开有亮窗。中间一间与两侧两间的室内用木质隔墙分隔成独立的三间，是典型的"一明两暗"格局（如图3-110）。木质楼板将室内空间分为上下两部分，中间一间有木梯可通向二层。

　　20世纪80年代，由于居住空间紧张，上屋的居民曾经在上屋的西侧新建了一间，在上屋西山墙的檐廊位置开门作为进出室内的出入口。A-17院因居民分家后为了使用方便，在东厢房南山墙与上屋西山墙之间新开了一个门为后面院子的居民使用。

图3-110　上屋

（十）B-3院

B-3院位于 B 片区一块狭长的台地上，北边起第三个院落。平面形态呈"U"形，由一栋上屋及其前方两侧的建筑组成，再用围墙围合的4-2类封闭住宅。

从平面形态上看，B-3院是由北厢房（b-05）、南厢房（不存）、上屋（b-06）构成的三面围合住宅。与常见的坐北朝南四合院不同，B-3院是坐东朝西的院落[1]。B-3院的上屋背后就是 C 片区的一块狭长的台地，上屋的后背墙距 C 片区台地边缘仅有1米。院落原有大门，开在院落西侧两厢房西山墙之间的位置，在2016年调查时已不存在，南厢房也只留下部分建筑遗迹（如图3-111）。两厢房西山墙外也就是原有大门，距离 B 片区台地边缘仅有3米左右的距离，之间仅容下一条宽约2米的道路，通向 B 片区最北侧的院落。

北厢房是三开间硬山式抬梁结构的双坡屋顶建筑，面向院内出前檐廊。房门开在正中一间，两侧的两间开窗，室内中间一间与两侧两间之间用土坯墙分隔，也是典型的"一明两暗"格局。室内空间也分隔为上下两部分，上层用来储物，中间一间靠近后背墙的位置有可通向二层的木梯。

北厢房是四檩抬梁式构架，在三架梁的基础上增加了一排外檐柱，柱头置抱头梁，梁端置檩条形成四檩构架支撑屋面，面向院内一坡长，面向院外一坡短，空间结构、外观形态与郭家大院 A 片区常见的三开间四檩梁式构架相似，只是房屋进深相对较浅，檐廊部分的空间也相对

---

[1]　院落中轴线与南北轴线形成顺时针旋转约39°的夹角，基本上算是"坐东朝西"，准确地说应该是"坐东北朝西南"的四合院。

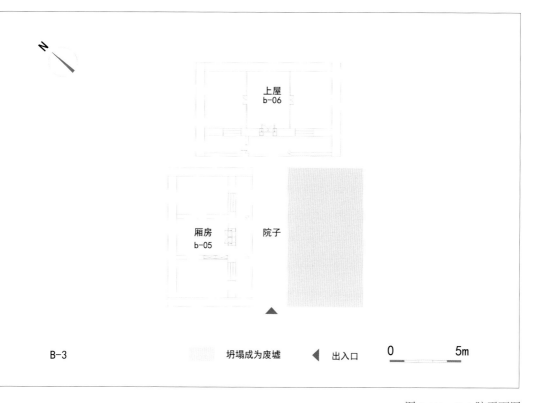

B-3

坍塌成为废墟　　　◀ 出入口　　0　　　　5m

图 3-111　B-3 院平面图

较小（如图3-112）。

　　南厢房已不存在，只留下建筑的台基及部分遗迹。据说南厢房和北厢房的空间结构、外观形态一样，进深也相对较浅（如图3-113）。

　　上屋也是三开间硬山式抬梁结构的双坡屋顶建筑，面向院内出前檐廊。房门开在正中一间，两侧的两间开窗，室内中间一间与两侧两间之间用木质隔墙分隔，也是典型的"一明两暗"格局（如图3-114）。室内空间也分隔为上下两部分，上层用来储物，中间一间靠近后背墙的位置有可通向二层的木梯。

　　上屋是四檩抬梁式构架，在三架梁的基础上增加了一排外檐柱，柱

图 3-112　B-3 院北厢房

图 3-113　B-3 院南厢房的遗迹

图 3-114　B-3 院上屋

头置抱头梁，梁端置檩条形成四檩构架支撑双屋面，带檐廊的一坡长，另一坡短，空间结构、外观形态与 A 片区郭家大院常见的三开间四檩梁式构架相似。房屋、檐廊部分的进深也略大于北厢房。上屋北边一间的前檐廊位置用红砖围合出相对封闭的空间用来作厨房。

　　B-3 院的两厢房及上屋除了台基与山墙部分使用了少量石材与青砖以外，墙体主要用土坯砌筑，除此几乎没有用砖的地方。直到后来改造、修缮房屋时才用了部分红砖。

（十一）A-3 院

A-3院位于主街北边小路北侧，西边东起第二个院落，平面形态呈"U"形，是由一栋上屋及前方两侧的建筑组成，再用围墙围合的4-2类住宅。

从平面形态上看,A-3院由南北厢房、上屋（a-05）构成的三合院。A-3院的上屋背朝东面向西，院落是坐东朝西的院落。院子的入口在南侧围墙贴近A-6院的门楼东侧，原先也曾有门楼但也已毁坏，目前该院仅有上屋尚存（如图3-115、图3-116）。

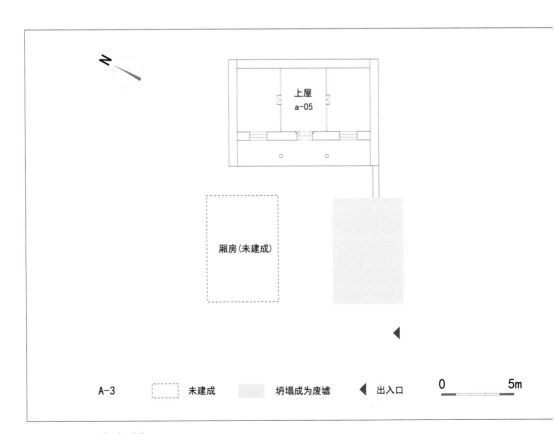

图 3-115   A-3 院平面图

图 3-116　A-3 院上屋

南厢房在调研时已经破损，仅留有残破的墙壁和地基。据村民介绍，南厢房也是两间带前檐廊的建筑，与 A-6 院的东厢房相仿。另外据村民说，该院的北厢房原计划也是与南厢房一样，但当时没有完全建起来就终止了，最后也只留下了地基（当地居民称之为"房根子"）。再后来在北厢房的位置还曾短暂建过一个烤烟房，而北厢房也由于其他原因没有继续再建。

上屋是一栋三开间硬山式抬梁结构的双坡屋顶建筑，面向院内带有前檐廊。上屋的房门开在正中一间，两侧的两间开窗，中间一间与两侧两间之间用木质隔墙分隔成三个独立的小空间，木质隔墙上开门，通过中间一间进出两侧室内，是典型的"一明两暗"格局。内部也通过木质楼板分隔成上下两部分，中间一间大门的墙壁右侧有木梯可通向二层。

上屋是四檩抬梁式构架，在房间的进深方向放置由立柱支撑的房梁，梁端放置檩条，梁正中设置瓜柱，柱头放置檩条，大梁上承托三根檩条，形成三角形构架。面向院内立檐柱，柱头置抱头梁，梁端置檩条形成四檩的面向院内一坡长、面向院外一坡短的外观形态。

上屋的台基是用石材及青砖修造。墙体原本是用石材和土坯砌筑，后来墙体损坏时用青砖及大量红砖修补，替换掉了原有的墙体材料。

（十二）B-1 院

B-1院是位于B片区北起第一个院落，紧邻狭长的B片区台地最北边缘。平面形态呈"U"形，由一栋上屋及其前方两侧的建筑组成，再用围墙围合的4-2类封闭住宅。

从平面形态上看，B-1院由东厢房（b-02）、西厢房（现已不存）、上屋（b-01）构成三面围合的住宅。B-1院的上屋背朝北面向南，院落

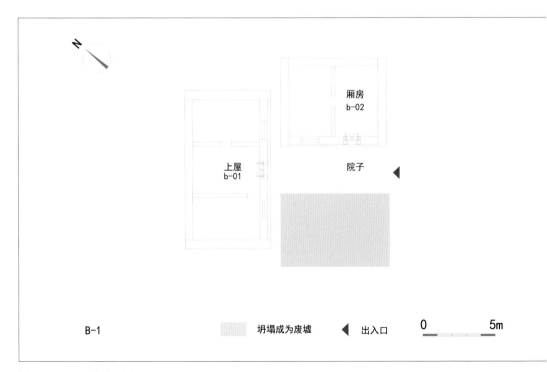

图 3-117　B-1 院平面图

也算是坐北朝南院落 (如图3-117)。原有大门开在东西厢房的中间位置，调查时已不存在。西厢房也只留下部分建筑遗迹。上屋的后背墙紧贴 B 片区台地最北侧的边缘，东厢房的后背墙距离 C 片区台地边缘也仅有1 米左右，西厢房的后背墙也紧邻 B 片区台地的西侧边缘。门前的道路就是经过 B-3院门外道路的末端。

东厢房是两开间硬山式抬梁结构的双坡屋顶建筑，没有前檐廊。南边的一间开有一门，北边的一间开有一窗。两间之间由土坯墙分隔成两个独立空间，带门的一间作堂屋，带窗的一间作卧室，也是"一明一暗"格局，与 A-6院的东厢房相比，只是没有前檐廊，而且整体进深相对较浅。室内部分也是用木质楼板将空间分为上下两部分，南边一间有木梯可通向二层。

2016年初在对草庙岭村进行详细调查之前，曾经在远处拍到 B-1院的照片，当时西厢房还存在 (如图3-118)。2016年下半年调查时西厢房已被拆除，未能对西厢房的情况进行了解，据说也是两开间硬山式结构没有前檐廊的单坡屋顶建筑。两间中间由土坯墙砌筑至屋顶，将室内分隔成大小相同的两个空间，两间各自开有一门和一小窗，两个门都开在靠近中间土隔墙的一边，两个小窗都开在靠近两边山墙的位置。屋顶没有木构架，内部空间也只有一层。两边的山墙和中间的土坯墙直接承载屋顶重量。外观上看上去只有三角形架梁的双坡屋顶的一半，屋顶只有一面坡。也不像 A-12院的东厢房，后背有可依附的其他建筑，B-1院的西厢房是独立存在的。其和 A-12院的东厢房的空间结构、外观也都不一样。

图 3-118　B-1 院

　　上屋是三开间硬山式抬梁结构的双坡屋顶建筑，没有前檐廊。上屋的房门开在正中一间，两侧的两间开窗，门窗上也开有亮窗。中间一间与两侧两间之间用土坯墙分隔出"一明两暗"格局。同样也是用木质楼板将室内空间分为上下两部分，中间一间有木梯可通向二层。上屋虽然没有前檐廊，外观形态两坡一样长，但确是四檩的抬梁式构架。与常见的带前檐廊的四檩构架不同，是在前后檐柱上架大梁，大梁正中立脊瓜柱构成三檩三架梁结构。在此基础上，在大梁的前檐柱与脊瓜柱中间增加了一根短柱，柱头承托一根单步梁，梁头上也放置一根檩条，构成四檩四架梁结构，与村内其他建筑的构架不同，是村内唯一的特例。

　　B-1 院的台基及墙体的根基处是用石材修造。墙体基本都是土坯或夯土材料建造，几乎没有用砖的地方。

（十三）A-19院

A-19院位于A片区主街南侧第三排东边，平面形态呈"一"字形，有一栋建筑，又在一侧山墙外贴着山墙另建了一栋小房屋，没有用围墙围合完全开敞，属于1-4类。

从平面构成上看，A-19院由上屋（a-50）和一栋类似耳房的小屋（a-49）构成。该院的上屋背北面南，是A片区主街南侧唯一坐北朝南的住宅（如图3-119）。A-19院是郭家大院中建造较晚的住宅，据村民说，其大约是20世纪70年代在A-17院的东侧所建。

上屋是一栋三开间硬山式抬梁结构的双坡屋顶建筑，没有前檐廊。上屋的房门同样开在正中一间，两侧的两间开窗，门窗上也各自开有亮

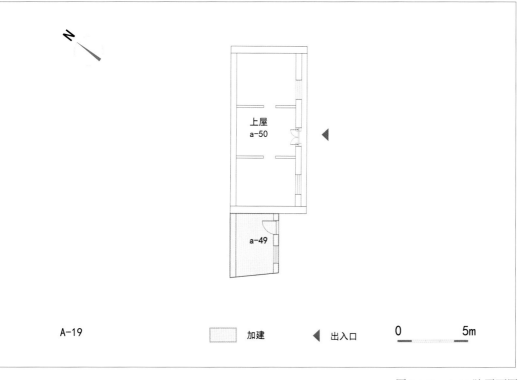

图 3-119　A-19 院平面图

图 3-120　A-19 院

窗。室内的中间一间与两侧的两间之间砌筑土坯隔墙,将室内分隔成三个独立的小空间,土坯隔墙上开门,通过中间一间进出两侧室内,也是典型的"一明两暗"格局。内部也是通过木质楼板分隔成上下两部分,中间一间有木梯可通向二层。

上屋是五檩抬梁式构架,但不同于豫西民居中比较常见的五檩不带前后檐廊的硬山建筑,被称为低梁高瓜柱结构,是在进深方向的两排柱子之间插入木梁,在梁上前后各收进一步架的位置设置两根长瓜柱,顶端放置二梁,中间立脊瓜柱。梁端上部及脊瓜柱上架檩,构成五檩双坡顶构架,屋面外观也是两坡一样(如图3-120),但其内部构造与村内常见的五檩不带前后檐廊的硬山建筑截然不同。

上屋的台基部分用石材及青砖砌筑。墙体墀头的局部及门窗的边框等重点部位用青砖,其余主要是用土坯砌筑。山墙的山尖部分还用了一种当地称之为料姜石的材料。

上屋建好一段时间以后，因使用空间紧张又在上屋的西侧建了一栋仅有一间大小的屋子（a-49），开有一门一窗，来弥补使用空间的不足。

（十四）A-8 院

A-8院是位于 A-12院北侧的一处两面围合的开放院落，平面形态呈"二"字形，由两栋厢房构成的两面围合的2-1类（如图3-121）。

据村民回忆，大约在1969至1970年之间，草庙岭村来了30多名知青，村里为他们建造了三处知青宿舍，A-8院就是其中之一。两栋房子中，一栋五开间房屋（a-15）作为知青宿舍，是用夯土和土坯砌筑墙体的双坡瓦屋顶建筑（如图3-122）。四开间房屋（a-16）也是用夯土和土坯砌筑墙体的双坡瓦屋顶建筑，用作厨房，放杂物工具，饲养牲畜等（如图

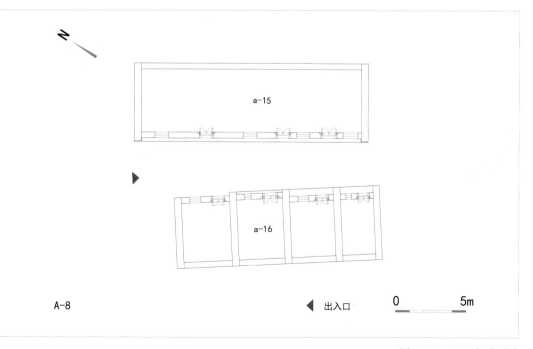

图 3-121　A-8 院平面图

3-123)。

　　到1976年前后，知青们纷纷返城，留下的知青宿舍被当作生产队的公用房使用，也会有村民临时在这里暂住，后来卖给了村民私人所有。

图 3-122　五开间知青宿舍

图 3-123　四开间房屋

第四章　传统院落的变迁

一、郭家大院的起源

相传清康熙年间，为谋求新的生活出路，郭氏四十五代祖郭兴，由洛宁县的西山底乡洪岭村迁居至此地，经辛勤劳作陆续建造了被人称之为"郭家大院"的住宅建筑群。

关于郭家大院的建造与发展史，没有太多文字资料记载，加上年代久远，房子使用者不断变化、所有者不断更替，现在的居民大多已经无法讲述关于建房的历史信息。但当地居民一般认为，郭家大院建造最早的房子是位于老街北侧的 A-10 院与 A-11 院及老街南侧隔街相对 A-13 院与 A-14 院。据村民们说，郭家第四十九世的郭雄清代曾在外地有过公职[1]，经济条件相对较好，带领其弟郭士杰及后人修建了这几所院落。后来两兄弟分家，将四座院落按东西分成两份。西边的两座院落为前院，包含街北的 A-11 院和街南的 A-14 院。东边的两座院落为后院，包含街北的 A-10 院和街南的 A-13 院。郭士杰分得前院，郭雄分得后院。后来郭氏家谱也是按前、后院两门续谱，以居后院的郭雄为长门，居前院的郭士杰为二门[2]（如图4-1）。

---

[1] 王凤翔等编《洛宁县志1-2》，成文出版社，1968，第418页。

[2] 郭氏家谱，第28页。

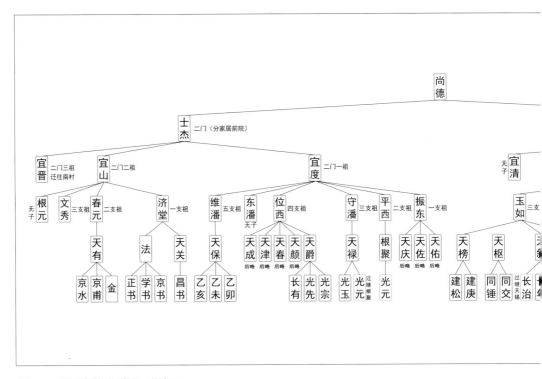

图 4-1　郭氏家族世系图（局部）

二、郭家大院的营造

　　虽然房屋建造的实际情况已经难以判断，但还是可以通过一些信息
判断郭家大院建造发展的脉络[1]（如图4-2）。

　　A-3院的上屋（a-05）建造年代为乾隆二十七年（1762年），是目前
已知建造最早的住宅。房主信息不详。

———————————

　　[1]　部分房屋有墨书题记记载了建造的相关信息。

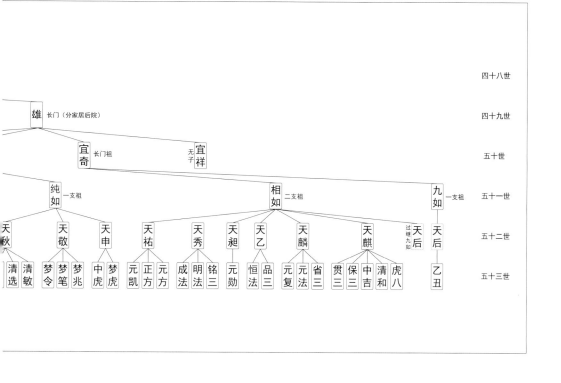

　　A-10院的东厢房（a-19）建造年代为嘉庆十六年（1811年），房主为郭家第四十八世的郭尚德及两个儿子郭雄、郭士杰。

　　A-10院的西厢房（a-18）及下屋（a-20）建造年代为道光二年（1822年），房主是第四十九世的郭雄、郭士杰。可以推测，过去的这段时间里，带着全家建造东厢房的第四十八世的家长或已去世，第四十九世的郭雄、郭士杰作为房主带着他们的后代建造了该院的西厢房和下屋，最终完成了 A-10院的建造。

　　A-17院的上屋（a-45）建造于道光三十年（1850年）。房主是郭家五十世的郭宜度、郭宜山二人及他们的儿子等人。查阅家谱可知，郭宜度、郭宜山是第四十九世郭士杰的长子及次子，也就是二门的后人。可以推测从 A-10院下屋的建造至此时过去的28年间，郭家可能经历了分

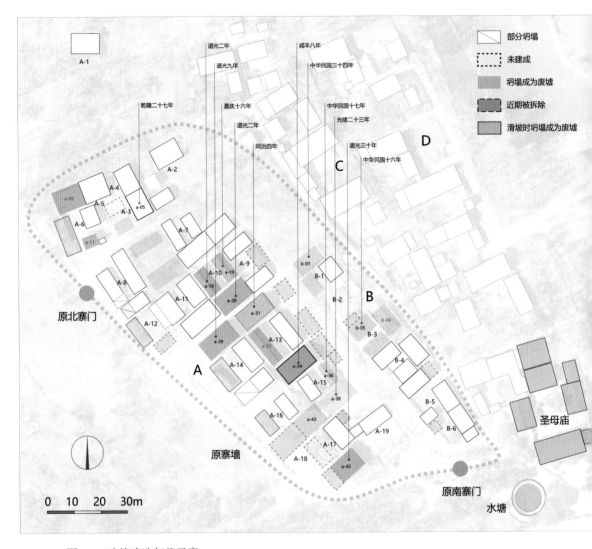

图 4-2　建筑建造年代示意

家，由一个大家族分化成长门郭雄和二门郭士杰两个新的支系。二门郭
士杰的儿子郭宜度、郭宜山两兄弟带着自己的后人一起，在道光三十年
（1850年）建造了 A-17院的上屋。而且可以推测，第四十九世的郭士杰
此时或也已经去世。

A-13院的上屋（a-34）建造于咸丰八年（1858年），建造房子的主人为郭家五十一世及五十二世。遗憾的是，家谱信息已较难识别，仅能识别的信息显示，房主的其中一位是五十一世的郭翰如。郭翰如的父亲为郭家五十世的郭宜方，是长门郭雄的儿子。郭雄共有郭宜祥、郭宜奇、郭宜方、郭宜清四子，四子中长子及四子无后，次子郭宜奇为长门祖、三子郭宜方为长门二组。可以推测从 A-10院下屋的建造至此时已经过去三十多年，郭家经历了大家族分家之后，长门郭雄之子五十世的长门祖郭宜奇、长门二组郭宜方的子孙在咸丰八年（1858年）共同建造了A-13院的上屋。还可以推测，在这期间第四十九世的郭雄以及五十世的长门祖郭宜奇、长门二组郭宜方或也已经去世。

A-13院的下屋（a-31）建造于同治四年（1865年），建造房子的信息同样难以辨认，房主至少有四个人。其中易于识别的房主中有五十一世的郭输如、郭玉如，二人为五十世郭宜方的次子和三子。家谱记载长门祖郭宜奇有两子，而且长子也无后人。由此推测，郭宜方的三个儿子以外的房主就是长门祖郭宜奇的儿子，可能长门祖郭宜奇、长门二组郭宜方的子孙在咸丰八年（1858年）共同建造了 A-13院的上屋之后，又在同治四年（1865年）共同建造了 A-13院的下屋。

A-15院的上屋（a-38）建造于光绪二十三年（1897年），是郭家五十二世的郭天麒及其家人所建。郭天麒是五十一世郭相如的次子，郭相如是五十世长门祖郭宜奇的次子。由此可以推断，1865年至1897年这三十多年间，郭家长门支系五十一世这一代人或也已进行了分家。并且郭相如的家族内部也进行了进一步的分家，而这时五十一世的郭相如可能也已经去世。其子郭天麒带着家人于光绪二十三年（1897年）在 A-13院的后面（南边）修建了 A-15院的上屋。这也是目前所知，郭家大院在清朝末年建造的最后一栋房子。

　　A-15院的东厢房（a-36）建造于中华民国十七年（1928年），建造房子的主人为郭建中[1]，查阅家谱可知，郭建中（品三）是郭家五十三世人，其父是五十二世的郭天乙。郭天乙是五十一世郭相如的四子。进一步说明五十一世的郭相如家族已经分家，且其子各自在院内自己所分到的地方建造了房子。

　　B片区从北边起第三个院落B-3院的北厢房（b-05）建造于中华民国十六年（1927年），建造房子的主人为郭家五十三世的郭清和及其家人。郭清和是五十三世郭天麒的次子。可以推测，从A-15院上屋建造至此时的近三十年里，郭相如的次子郭天麒的家族或也已经分家。分家之后郭天麒的次子郭清和带着家人于中华民国十六年（1927年）在临近A片区东侧的一小块台地上，也就是B片区，建造了B-3院的北厢房。

　　B片区从北边起第一个院落B-1院的上屋（b-01）建造于中华民国三十四年（1945年）。据说是郭相如七子分家时，将B-1院所在的地方也分给三个儿子所有，后来各自在所需要的时候建造了房子，其中B-1院的上屋就是郭相如四子的房子。这也是目前所知，郭家大院在中华民国时期建造的最后一栋房子。

　　至此，通过已知信息可以推测郭家大院的营造至少经历了183年（1762～1945年）才最终形成，其间郭家家族内部也不断地发展变化。

　　中华人民共和国成立以后，除了20世纪70年代建造了两栋知青房和零星建造的独栋建筑以外，没有太大的建造活动。

---

[1]　家谱记载为郭"品三"，据建房者的侄女介绍，家谱上记载的"品三"是郭建中的小名（别名）。

三、郭家大院的发展变化

我们在调研过程中发现，现在郭家大院各个院落房屋的所有者基本都是郭家的后代，主要是郭家的五十四世、五十五世、五十六世人。他们各自支系家族的发展变化与郭家大院的发展变化以及使用情况有着紧密的关系，基本能反映出郭家大院后续发展变化的过程。

因此，我们试以村民们普遍认为建造较早的院落为例，通过对现在的居民以及熟知村内情况的老人进行采访，来分析郭家大院的发展变化及使用现状。以下文中依据家族辈分关系，对居民（所有者）与院落、房屋的关系进行分析，但由于涉及世代较多以及隐私保护的需要，自五十二世起用字母及编号表示。

（一）A-10 院使用现状

A-10院建造之初可能是由一个家族合力而建的院落，空间格局基本没有发生太大的变化。整体来看，只是在下屋（a-20）西边一间的檐廊处加建了一个临时性的空间，曾经作为厨房使用。其他的上屋（a-17）、下屋（a-20）、东厢房（a-19）和西厢房（a-18）四栋房屋保存完整。

现在西厢房的房主为郭家五十五世人，其祖父兄弟四人，其中两人与A-10院有关。这四兄弟的父亲是郭家五十二世的郭天秋。郭天秋的父亲是五十一世的郭纯如。郭纯如的父亲是五十世的郭宜方，也就是长门郭雄的三子。由此可知西厢房的主人是郭雄后代两大支系中第二支的后人（如图4-1）。通过调查，了解到目前A-10院的四栋房屋归属五户居民所有，都是郭纯如的后代，他们之间有着较近的血缘关系。

五十一世的郭纯如有三个儿子郭天申（TS）、郭天敬（TJ）和郭天秋（TQ），A-10院现在的房子分属郭天敬与郭天秋的后人。其中郭天敬有三个儿子，长子 TJ-A、次子 TJ-B、三子 TJ-C 的后代在院里都有房子。郭天秋有四个儿子，其中长子 TQ-A、次子 TQ-B 的后代在该院有房子（如图4-3）。

　　五间的上屋（a-17）目前分属两家所有，这两家都是郭天秋的后代。上屋西边两间为郭天秋的曾孙 TQ-B-a-1所有，为郭天秋次子的后代。上屋东边的三间为郭天秋的玄孙 TQ-A-a-1- ①所有，是郭天秋长子的后代。

　　三间西厢房（a-18）属于郭天秋长子的后代 TQ-A-F。

　　三间东厢房（a-19）分属两家所有，主人都是郭天敬次子的后代。

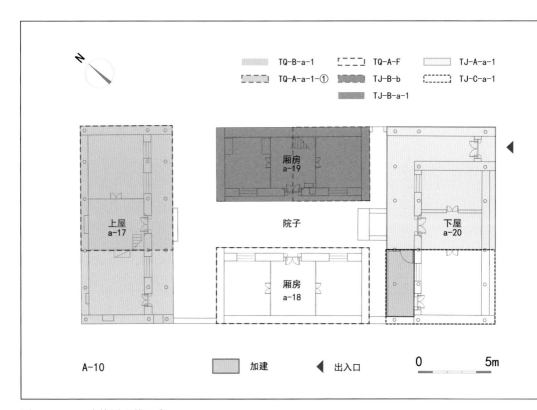

图 4-3　A-10 院使用现状示意

其中东厢房南边一间半为郭天敬的孙子 TJ-B-b 所有，北边一间半原先为 TJ-B-b 的亲哥哥 TJ-B-a 所有，后来传给了郭天敬的曾孙 TJ-B-a-1。

五间下屋（a-20）分属郭天敬长子和三子的后代所有。西边的两间是郭天敬的曾孙 TJ-C-a-1所有，东边的三间是郭天敬的曾孙 TJ-A-a-1所有。其中大门和门道是公用部分，但仍属 TJ-A-a-1所有。

可以看出 A-10院的四栋房屋分属于五十一世郭纯如的三个儿子中郭天敬与郭天秋的后人，属于长门郭雄支系。房屋或是分家或是传给后人，也都是长门支系的人。可以推测 A-10院起初可能确实就是长门郭雄家族所有。

（二）A-9 院使用现状

据说 A-9院原来属于 A-10院的跨院，家族兴旺时期 A-10院的厨房曾经就在这里，同时还居住过为家里服务的工人，储存过工具、物品，还喂养过牲畜等。后来由于人口发展，居住空间不足，房屋也都变为以居住为主，20世纪70年代还曾经住过知青。家族内部进一步分家时，房子也被分配给各个小家庭所有、使用。在2016年进行调查的时候，该院还有第一进院的下屋（a-24）、东厢房（a-23）、上屋（a-22）以及第二进院的上屋(a-21)。第一进院的东厢房损坏严重，但仍属于原房主所有。

通过调查了解到目前 A-9院的房屋分别归属四户居民所有，也是郭纯如的后代，分别属于郭天敬与郭天秋的后人。郭天敬三个儿子的后代都在该院有房子。郭天秋的四个儿子中长子 TQ-A 的后代在该院有房子(如图4-4)。

三间下屋（a-24）是郭天敬的曾孙 TJ-C-a-1所有。

东厢房（a-23）是郭天敬的曾孙 TJ-B-a-1所有。

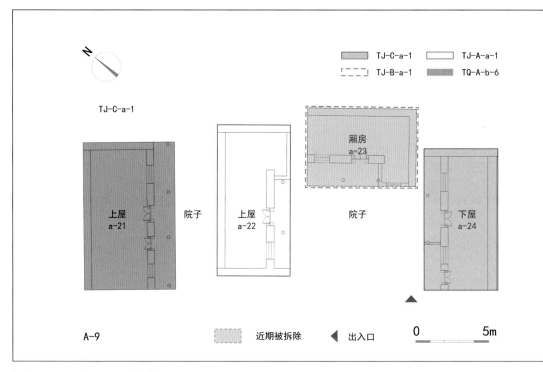

图 4-4　A-9 院使用现状示意

　　上屋（a-22）是郭天敬的曾孙 TJ-A-a-1所有。

　　二进院的上屋（a-21）目前是郭天秋的曾孙 TQ-A-b-6所有。之前该房曾经多次易主，最初可能是由郭纯如家族一代一代继承下来，到了中华人民共和国成立初期，此房的西边一间分配给现在的主人 TQ-A-b-6，东边的两间分配给郭家四十五世郭旺[1]一族的后人五十三世的两兄弟居住使用。20世纪70年代末，两兄弟迁出此院。郭天秋的曾孙 TQ-A-b-6又把二人所有的两间也买了过来。

---

[1]　郭家第四十四世的郭进甫有四子：郭兴、郭旺、郭龙、郭凤。郭旺为郭进甫次子。

（三）A-13 院使用现状

A-13院与主街北侧的 A-10院隔街相对，是村民们所传郭家四十九世兄弟郭雄和郭士杰分家后，长门郭雄所居住后院的另一座宅院。2016年进行调查时下屋（a-31）、东厢房（a-32）、上屋（a-34）保存完好，西厢房（a-33）的屋顶局部坍塌。

A-13院现有的房屋归属八户居民所有，都是郭姓居民（如图4-5）。

通过调查了解到下屋（a-31）归属三户居民所有。据说最初五十一世郭相如的七个儿子分家时，三子郭天麟分得下屋，后来郭天麟家族分家时又分给三个儿子郭省三（TL-A）、郭元法（TL-B）、郭元复（TL-C）。

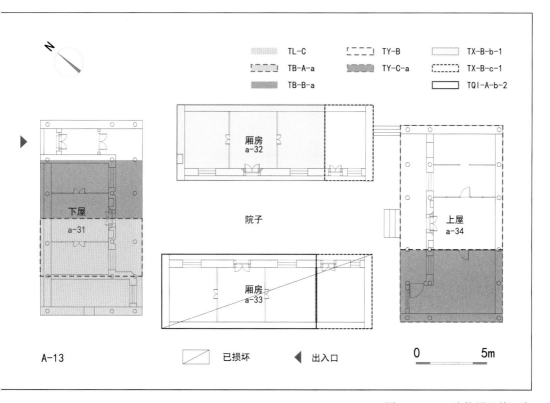

图 4-5　A-13 院使用现状示意

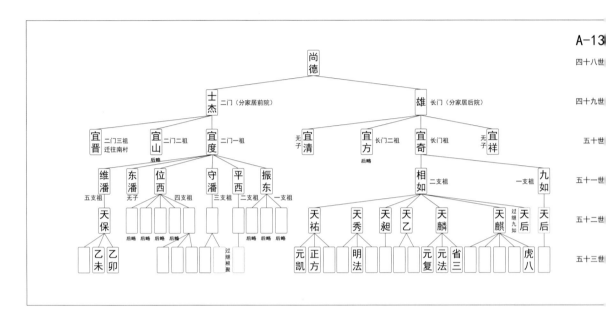

图 4-6　A-13 院郭宜奇家族图谱局部（四十九至五十三世）

除去大门和门道占去的一间，中间的三间分属 TL-A、TL-B 两家所有，东边的一间半为一家所有，西边的一间半为另一家所有。下屋最西边一间为 TL-C 所有。郭天麟的父亲是五十一世的郭相如。郭相如的父亲是五十世的郭宜奇，而郭宜奇就是长门郭雄之子[1]。由此可知下屋原来的主人是长门一支的后人（如图4-6）。

中华人民共和国成立初期，下屋的中间三间被重新分给了现在的主人，是郭家五十四世人，其祖父是五十二世的郭天保（TB），曾祖是五十一世郭维潘。郭维潘的父亲是五十世的郭宜度，郭宜度的父亲是郭士杰，可知现在下屋中间三间的主人是二门郭士杰支系的后人。下屋中

---

[1]　郭雄共有四子，由于长子和四子无后，所以次子郭宜奇为长门祖，三子郭宜方为长门二组。

间的三间中，东边的一间半为郭天保次子郭乙未（TB-B）的儿子五十四世的 TB-B-a 所有，西边的一间半为郭天保长子郭乙卯（TB-A）的儿子 TB-A-a 所有。虽说现在 A-13 院下屋的目前所有者都是郭姓居民，但二门郭士杰支系的后人所拥有的这三间房屋是中华人民共和国成立初期村里分配所得，而并非族上分家所传。

四开间的东厢房（a-32）分属两户居民所有，北侧的三间一家，南边一间一家。据说，最初五十一世郭相如家族分家时六子郭天秀（TX）就分得四间东厢，郭天秀家族分家时房子分给次子郭明法（TX-B）。郭明法又分家时次子 TX-B-b 分有四间东厢房中北边的三间，后来又传给自己的孩子 TX-B-b-1；三子 TX-B-c 分有南边的一间，最后也传给了自己的孩子 TX-B-c-1。

四开间的西厢房（a-33）现在同样也分属两户居民，北侧的三间一家，南边一间一家。据说，西厢房最初在郭相如家族分家时分给了五子郭天昶（TCH）一家所有。中华人民共和国成立以后，村里又将西厢房分给了郭相如的次子郭天麒（TQI）和六子郭天秀（TX）的后人。南边的一间目前是郭天秀的曾孙 TX-B-c-1 所有（其也是东厢房南边一间的主人）。北边三间现在是郭相如次子郭天麒的后人所有。郭天麒有五子，房子最初就是分给其长子郭虎八（TQI-A）所有，后来传给次子 TQI-A-b，TQI-A-b 也有两个儿子 TQI-A-b-1 和 TQI-A-b-2，TQI-A-b-1 迁到院外另建了新居所，西厢房的北边三间就留给了兄弟 TQI-A-b-2。

五间上屋（a-34）现在分属两户居民所有，东边三间一家，西边两间一家。据说，最初郭相如的七个儿子分家时郭天祐（TY）就分得上屋，到郭天祐家族分家时上屋东边三间分给其次子郭正方（TY-B）所有，西边两间归郭元凯（TY-C）所有，后来 TY-C 又把房子传给了自己的儿子 TY-C-a。由此可知，上屋现在的主人是长门的后人。

可以看出 A-13院的四栋房屋目前分属于五十一世郭相如二子郭天麒、三子郭天麟、六子郭天秀、七子郭天佑的后代所有，属于长门郭雄支系。从所有者讲述的房屋具体流转情况可以推测，A-13院起初应该就是长门郭雄支系中郭相如家族所有。另外，下屋的一部分由村里分配给二门郭士杰支系的郭宜度六子郭天保的后代所有。虽然都是关系相对较近的郭姓居民，确是长门和二门两大支系的后人混住的局面。

（四）A-15 院使用现状

A-15院位于 A 片区主街南侧，A-13院的后面（南边），现存有三间西厢房（a-35）、三间东厢房（a-36）和三间上屋（a-38），保存较好。2016年调查时，西厢房北侧前方搭建了一个小房子，除此之外没有太大变化，保持了原有的格局。

通过调查了解到 A-15院现有的房屋归属四户郭姓居民所有，也是长门郭雄支系的五十一世郭相如的后人。郭相如次子郭天麒有五个孩子，其中三子郭中吉（TQI-C）和五子郭贯三（TQI-E）的后代在该院有房子。郭相如三子郭天麟有三个孩子，次子郭元法的后代在院里有房子。郭相如四子郭天乙（TYI）有两个孩子，其中次子郭恒法（TYI-B）的后代在该院有房子（如图4-7、图4-8）。

据说东厢房（a-36）和西厢房（a-35）最初都是郭相如四子郭天乙所有。从已知的信息来看，A-15院的东厢房是郭天乙的长子郭建中（品三）于中华民国十七年（1928年）建造。在中华人民共和国成立之初，东厢房曾经分配给郭家的另外一个家族四十五世郭旺的后人居住。中华人民共和国成立之后，郭元法的次子 TL-B-b 将东厢房从郭旺的后代手里买了回来。TL-B-b 家有三个女儿，人口最多时一家五口人在东厢房

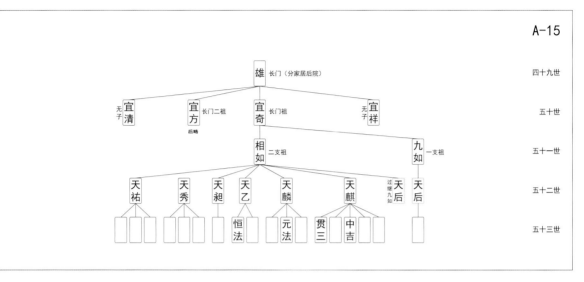

图 4-7　A-15 院郭宜奇家族图谱局部（四十九至五十三世）

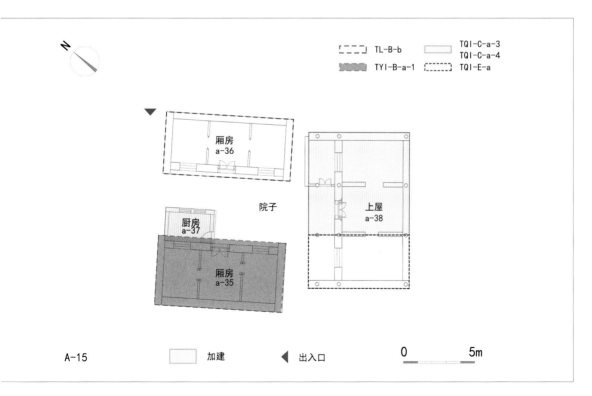

图 4-8　A-15 院使用现状示意

生活。也可以进一步推测，A-15院的房屋在郭相如的七个儿子分家时还不存在，直到分家后各家才因需要各自建了房屋，最终完成了 A-15院。

西厢房（a-35）的主人是郭天乙次子郭恒法的后代。在中华人民共和国成立初期，郭恒法的儿子 TYI-B-a 居住使用的时期，西厢房南边的一间半曾经也被分配给别人（上屋的 TQI-E-a）使用，TYI-B-a 只使用北边的一间半。大约在三四十年前，在南边一间半居住的一家人迁出院子另建了新的宅院，就把南边的一间半卖给了 TYI-B-a，最后 TYI-B-a 又把房子传给自己的长子 TYI-B-a-1。TYI-B-a 一家人口最多时八口人居住在西厢房北边的一间半里，曾经连二层也住了人，居住空间十分拥挤。大约在20多年前，还在西厢房前搭建了一间小房子做厨房，在此之前也曾在西厢房中间一间里做过饭。

上屋（a-38）的主人是郭相如次子郭天麒的后代，据说最初郭相如的七个儿子分家时郭天麒就分得上屋。从已知的信息来看，A-15院的上屋是郭天麒在光绪二十三年（1897年）带着其家人建造。可以推测，郭相如的七个儿子分家时郭天麒或许只分到了上屋的建房用地。后来郭天麒家族分家时，三子郭中吉分得上屋东边的两间，后来郭中吉将上屋东边的两间传给了自己的儿子 TQI-C-a。TQI-C-a 有四子二女，人口最多时一家八口人居住在这里。最后 TQI-C-a 又把房子传给了自己的三子 TQI-C-a-3 和四子 TQI-C-a-4。上屋西边的一间分给郭天麒的五子郭贯三所有，后来郭贯三又将房子传给了自己的儿子 TQI-E-a。TQI-E-a 家有五个孩子，人口最多时一家七口人居住在这里。

通过调查可知 A-15院和 A-13院一样，现在的居民都是郭相如的后代。应该最早就是郭相如的次子郭天麒和四子郭天乙分得此院。后来东厢房曾经分配给他人居住使用过一段时期，但最终还是郭相如的后代将其购回。东、西厢房和上屋的所有与使用情况虽经历多次变更，但基本可以推测都是在郭相如的七个儿子进行分家之后进一步产生的变化。

（五）A-11 院使用现状

A-11院位于 A 片区主街北侧，是 A-10院西侧的院落，为二门郭士杰所居住的前院的一部分。A-11院目前还留存有三栋建筑，四开间的下屋（a-25）、三开间的东厢房（a-27）和三开间的西厢房（a-26）。原有一栋五开间的上屋，已在三四十年前倒塌，仅遗留有地基。目前，院里的居民也都是郭姓，他们之间也是有着较近的关系。

五十世的郭宜度共有六个儿子，A-11院的房子分属于郭宜度的次子郭平西、三子郭守潘、四子郭位西、六子郭维潘的后人。郭平西的儿子郭根聚（GJ）膝下无子，郭守潘的儿子郭天禄（TLU）有两个儿子，郭天禄将长子郭光元（TLU-A）过继给郭根聚。后来成为郭根聚继子的郭光元（GJ-A）继承了的郭根聚在 A-11院的房子。郭位西有五个孩子，其中长子郭天爵（TJUE）有三子，三子郭长有（TJUE-C）的后人跟该院有关。郭维潘的儿子郭天保有三子，长子郭乙卯（TB-A）和次子郭乙未（TB-B）的后人在该院有房子（如图4-9、图4-10）。

四间下屋（a-25）最初都是五十一世郭平西的儿子郭根聚所有，后来传给继子 GJ-A，又一代一代传至 GJ-A-a-1所有。

东厢房（a-27）分属于两户。北边两间为郭天保的长子郭乙卯所有，后来 TB-A 将这两间房传给儿子 TB-A-a，TB-A-a 又传给了儿子 TB-Aa-1所有。南边一间属郭宜度二子郭平西的后人所有，郭平西只有一子郭根聚，后来传给了郭根聚的继子 GJ-A，后来 GJ-A 又把房子传给 GJ-A-a，最后又传给 GJ-A-a-1所有。

三间西厢房（a-26）同样分属于两户。郭天保长子郭乙卯拥有三间

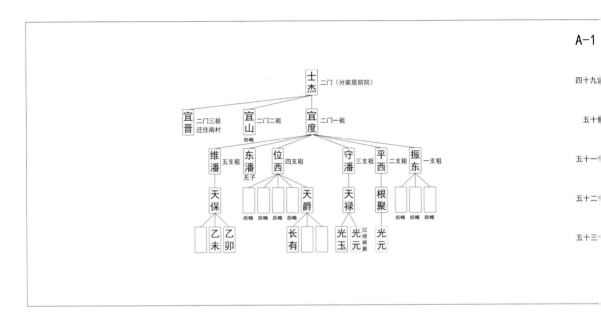

图 4-9　A-11 院郭宜度家族图谱局部（四十九至五十三世）

西厢房中北边的一间半，次子郭乙未拥有三间西厢房中南边的一间半。之后 TB-A 将自己的房子传给了儿子 TB-A-a，TB-A-a 又传给了儿子 TB-A-a-1。TB-B 也将自己的房子传给了儿子 TB-B-a，TB-B-a 又将房子传给了他的长子 TB-B-a-1。

　　上屋虽然已经倒塌，但地基仍归原房主所有。现在上屋房基的所有者为郭家五十二世郭天爵三子郭长有的长子 TJUE-C-a 和次子 TJUE-C-b 两兄弟。郭天爵的父亲是五十一世的郭位西，郭位西的父亲就是郭家的二门一祖五十世的郭宜度。由此可知上屋的主人是二门一支的后人。房子是从郭位西时代一代一代传承下来的。通过调查了解到目前 A-11 院三栋房屋的居民也都是二门一支郭宜度的后代。

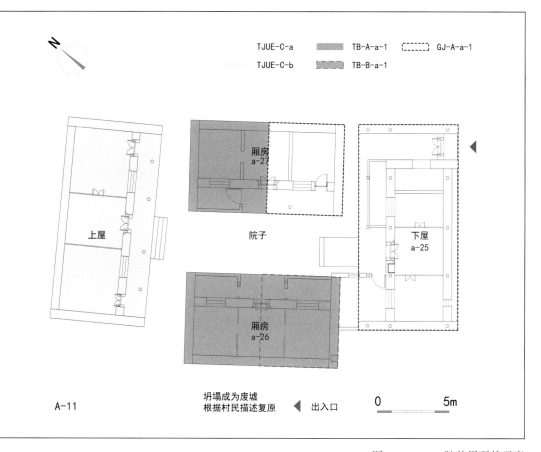

图例：
TJUE-C-a　　TB-A-a-1　　GJ-A-a-1
TJUE-C-b　　TB-B-a-1

上屋

厢房 a-27

院子

下屋 a-25

厢房 a-26

A-11

坍塌成为废墟
根据村民描述复原　◀ 出入口

0　　　　5m

图 4-10　A-11 院使用现状示意

（六）A-12 院使用现状

　　A-12院位于 A 片区主街北侧，A-11院的西侧，据说该院最早有三间上屋，以及后背紧贴着 A-11院西厢房后背墙的一栋单坡屋顶的三间东厢房，一栋双坡屋顶的三间西厢房，还有一栋和 A-11院下屋一样的四间下屋。20世纪60年代，郭家大院所在的台地西侧发生过严重的滑坡，整个下屋就在那时全部垮塌，后来在下屋原地的位置又建了一栋比原来规模小，用夯土砌筑墙体的双坡屋顶的下屋。在2011年的又一次滑坡中西厢房坍塌，上屋也在此时坍塌了一间。在2016年进行调查的时候，该院还有后建的一栋下屋（a-30）、东厢房（a-29）、上屋（a-28）的东边两间。院内虽然部分建筑已经坍塌，但地基仍属于原房主所有。

通过调查得知A-12院里现在房子的归属两户居民所有，主人也是二门郭士杰的支系二门一祖郭宜度的后人，均为郭天禄次子郭光玉（TLU-B）的后人（如图4-11、图4-12）。郭光玉有一个儿子TLU-B-a，两个孙子TLU-B-a-1和TLU-B-a-2。

下屋（a-30）归属两家所有，其中西边一半归TLU-B-b-2所有，东边一半归属TLU-B-a-1所有。后来TLU-B-a-1又把自己的房产传给了次子TLU-B-a-1-②，再后来因为居住空间太紧张，TLU-B-a-1-②在郭家大院台地最北边的东边位置新修了一处住宅A-2院。

东厢房（a-29）是一栋后背紧贴A-11院西厢房后背墙的单坡屋顶建筑，也归属两家所有，其中北边一半归属TLU-B-a-1所有，南边一半属TLU-B-a-2所有。

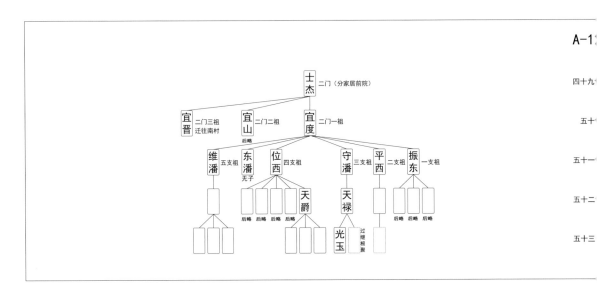

图4-11　A-12院郭宜度家族图谱局部（四十九至五十三世）

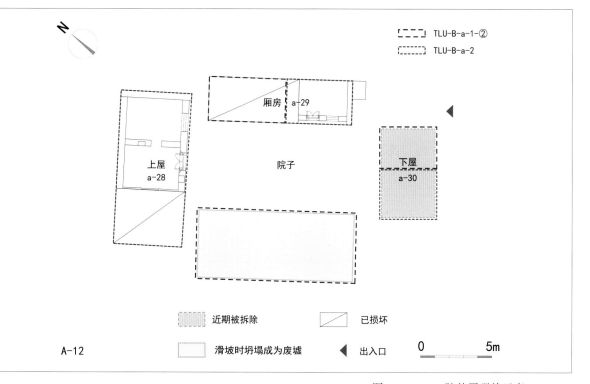

图 4-12　A-12 院使用现状示意

　　该院的上屋 (a-28) 和原有的西厢房是作为居住、生活起居的空间，东厢房和新修的下屋两家各有一半，在不同的时期，更替做过厨房、放置工具、储存、加工农产品、养殖等空间。上屋属于 TLU-B-a-2所有，已经倒塌的西厢房归属 TLU-B-a-1所有。

　　该院的房子最初应该是郭宜度的三子郭守潘所有，后来传给郭天禄，又一代一代传至 TLU-B-a-2、TUL-B-a-1- ②所有。

（七）A-14院使用现状

A-14院位于 A 片区主街南侧，东边起的第二个院落，隔街与主街北侧的 A-11院相对，是二门郭士杰所居住的前院的一部分。在2011年的大雨时台地西侧发生滑坡，上屋的一半以及整个西厢房全部坍塌，2016年调查时仅留下部分遗迹。五间下屋（a-39）、四间东厢房（a-40）、西厢房的房基和五间上屋（a-41，包含坍塌部分的房基）目前分属六户居民所有。其中有一户刘姓居民，剩下的居民虽然也都是郭姓，但分属长门、二门两大支系。

五间下屋（a-39）目前属于郭天关（TG）的后人所有。据说是祖上传下来的房子，可推测房子最初可能是郭济堂所有，后来传给其长子郭天关，又经其独子郭昌书（TG-A）传给其长孙 TG-A-a，最后 TG-A-a 又将下屋传给了长子 TG-A-a-1。郭天关、郭法（F）兄弟二人祖父是郭家五十世的郭宜山，郭宜山是二门郭士杰的次子，可知此房主是二门的后代（如图4-13）。

四间东厢房（a-40）据说是祖上传下来的房子，房子最初可能也是郭济堂所有，后来传给其长子郭天关，又经其独子郭昌书传给其长孙 TG-A-a，最后 TG-A-a 又传给了次子 TG-A-a-2。按照现在所有者的情况来看，下屋和东厢房最早应该都是二门郭宜山的家族所有。

四间西厢房分别归属于三户人家。西厢房南边两间也是在中华人民共和国成立初期被分配给刘姓村民使用。西厢房北边第一间和 A-13院东厢房北边的三间是同一主人（TX-B-b-1），是郭家五十五世人，其曾祖是郭家五十二世的郭天秀，是长门的后代。西厢房北边第二间和 A-13院上屋东边的三间是同一主人，是郭家五十二郭天祐的次子 TY-B。郭天祐是五十一世郭相如的第七子，而郭相如是长门祖郭宜奇的次子，长

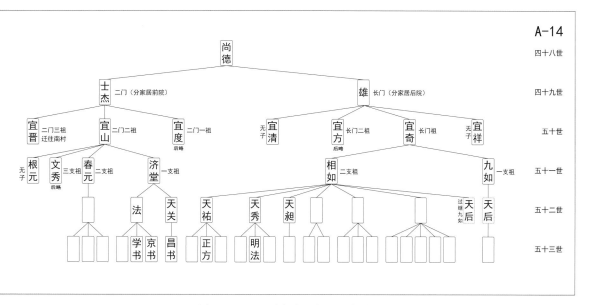

图 4-13   A-14 院郭雄、郭士杰家族图谱局部 (四十八至五十三世)

门郭雄的孙子。西厢房北边两间的主人都是长门的后代。

五间上屋 (a-41) 目前属于五十二世郭法的后人所有。中华人民共和国成立初期，村里将上屋东边的三间分给郭法的后人，西边的两间曾分配给房少的刘姓村民使用。后来郭法的孙子 F-B-b 又买了西边那两间的产权，现在五间都是 F-B-b 所有。据说在中华人民共和国成立之前，上屋并不是二门的后代所有，而是属于长门郭雄的后人五十一世郭相如的长子郭天后 (过继给郭相如的哥哥郭九如为继子) 所有。

从 A-14 院现在的所有情况来看 (如图4-14)，既有长门支系的人，也有二门支系的人，还有外姓居民，情况相对复杂。通过对村里最年长几位老人的采访得知，中华人民共和国成立之前，A-14 院就已不是一个家族独有。上屋是长门郭雄的后人五十一世郭相如的长子郭天后 (过继给郭相如的哥哥郭九如为继子) 所有。西厢房是郭相如的五子郭天昶所有。下屋和东厢房为二门郭士杰的后人所有。据说可能是最早长门郭雄

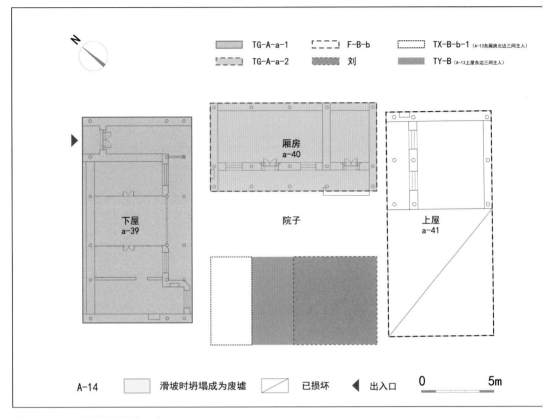

图 4-14　A-14 院使用现状示意

和二门郭士杰分家时就已分成这样。

　　通过房屋的建造年代来看，街北 A-10 院的下屋由长门郭雄和二门郭士杰及家人一同建造于道光二年（1822年），可以推测此时的郭雄和郭士杰还尚未分家。但 A-14 院的下屋已知是道光九年（1829年）建造，房主信息不明，按现在院内房屋分属长门郭雄和二门郭士杰两兄弟后人的情况，以及居民相传的信息推测，在建造下屋时长门郭雄和二门郭士杰两兄弟或许尚未分家，分家很可能是在 A-14 院建造完成之后，分家后或许已经开始出现后来长门支系的后人和二门支系的后人共同居住使用的局面。

（八）A-6 院使用现状

A-6院是位于主街北边的一条小路北侧最西边的院落，由于临近西侧台地边缘，西厢房（a-12）也是在2011年滑坡时损坏一部分，但地基仍归原房主所有。

A-6院目前有下屋（a-11）、东厢房（a-10）、西厢房的地基及上屋（a-09），分属于五户居民，涉及郭家五十四、五十五、五十六世，都属于郭雄后代长门二祖郭宜方的三子五十一世郭玉如的后代。郭玉如有四子郭天锡（TXI）、郭天叙（TXU）、郭天枢（TS）、郭天榜（TB），都与该院的房子有关。其中郭天锡无子，其弟郭天叙将自己的三子郭长治（TXU-C）过继给郭天锡做继子 TXI-A。TXI-A 的孙子 TXI-A-a-1 就是现在 A-6院下屋的主人（如图4-15、图4-16）。

郭天枢有两个儿子，次子郭同锤（TS-B）的儿子 TS-B-a 曾是两间东厢房的主人，后来 TS-B-a 迁往外地，把东厢房卖给了郭天榜的孙子 TB-A-a。

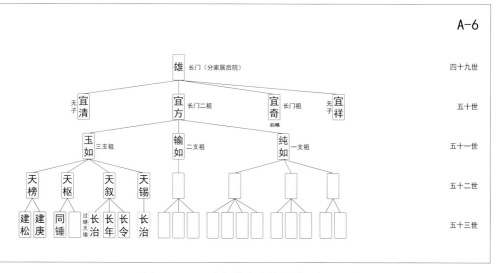

图 4-15　A-6 院郭宜方家族图谱局部（四十九至五十三世）

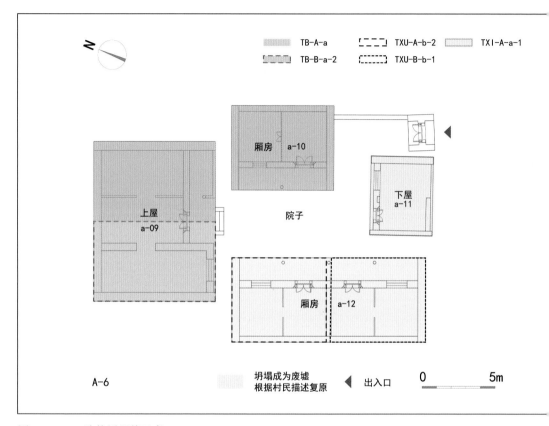

图 4-16　A-6 院使用现状示意

　　郭天叙的长子郭长令（TXU-A）有两个儿子，其中次子 TXU-A-b 拥有四间西厢房中北边的两间，后来又把房子传给了 TXU-A-b-2。郭天叙的次子郭长年（TXU-B）也有两个儿子，其中次子 TXU-B-b 拥有四间西厢房中南边的两间，后来又把房子传给了 TXU-B-b-1所有。

　　郭天榜也有两个儿子，长子郭建庚（TB-A）和次子郭建松（TB-B）。TB-A 的儿子 TB-A-a 拥有上屋东边的一间半。TB-B 的儿子 TB-B-a 拥有上屋西边的一间半。后来 TB-B-a 又把房子传给其次子 TB-B-a-2。

　　A-6院的上屋建造年代为道光元年（1821年），最初建房者的信息已难以考证。按照现在所有者的情况来看，A-6院的房子最初应该都是郭宜方的三子郭玉如这一家族所有，后来郭玉如的四个儿子分家时应该是以整栋房子为单位进行分配，到了四个儿子各自的家族再分家时房子就以间为单位进行分配了，除东厢房的所有权曾在家族成员内部流转之外，依然都还属于郭宜方的后人所有。

（九）A-17 院使用现状

A-17院位于主街的南侧第三排西边，是前后有两个独立空间的二进院落。但是由于某种原因，西厢房仅建了地基，没有建造完成，但房基也归属明确。目前有下屋（a-43）、东厢房（a-44）、西厢房的地基、上屋（a-45），分属于三户居民。

对居民的家族关系进行分析后可知，现在的所有者是郭家五十四、五十五、五十六世的人，都是郭纯如的子孙，也就是说该院的居民都属于长门郭雄的支系。五十一世的郭纯如有三个儿子郭天申、郭天敬和郭天秋。前面已经提到次子郭天敬和三子郭天秋与A-10院和A-9院有关，而长子郭天申的两个儿子郭梦虎（TS-A）和郭中虎（TS-B）都与该院的房子有关（如图4-17、图4-18）。

郭梦虎有两个儿子TS-A-a和TS-A-b。A-17院的上屋（a-45）及未建成的西厢房属于TS-A-a一家所有，后来父传子子传孙，最后传给TS-A-a-1-①所有。东厢房（a-44）属于郭梦虎的次子TS-A-b一家所有，后来TS-A-b传给儿子TS-A-b-1，最后又传给孙子TS-A-b-1-①。

郭天申的次子郭中虎一家拥有下屋（a-43），郭中虎只有一个儿子，目前的下屋就是郭中虎的儿子TS-B-a所有。

大约在20世纪70年代末80年代初，由于家里居住空间紧张，东厢房的主人TS-A-b-1又带着儿子TS-A-b-1-①在A-17院的东边、东厢房的背

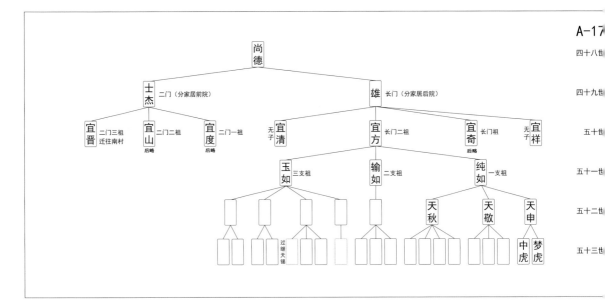

图 4-17　A-17 院郭宜方家族图谱局部（四十九至五十三世）

后修建了一个坐北朝南的新宅院 A-19 院。

A-17 院的上屋（a-45）建造于道光三十年（1850 年）。房主是郭家五十世的郭宜度、郭宜山等人。可以推测，长门郭雄和二门郭士杰两大支系此时或已经经历了分家。二门郭士杰之子郭宜度、郭宜山二人已经独自带着家人开始建造 A-17 院。然而，现在 A-17 院房子的所有者却都是长门郭雄支系的后人。由于原居民中年长者都已去世，详细的信息也已无法确认。

据村里 80 岁以上的老人回忆，A-17 院的房子也都是现在的主人祖上传下来的，这一点与上屋的建造者信息相矛盾。

另外，A-17 院的下屋（a-43）建造于中华民国八年（1919 年），建房者为郭清洁。也就是说，A-17 院也不是一次性建造完成，道光三十年（1850 年）修建上屋至中华民国八年（1919 年）建造下屋，之间已经相距近 70 年，而且家谱中也没有郭清洁的记载。目前下屋的所有者郭中虎

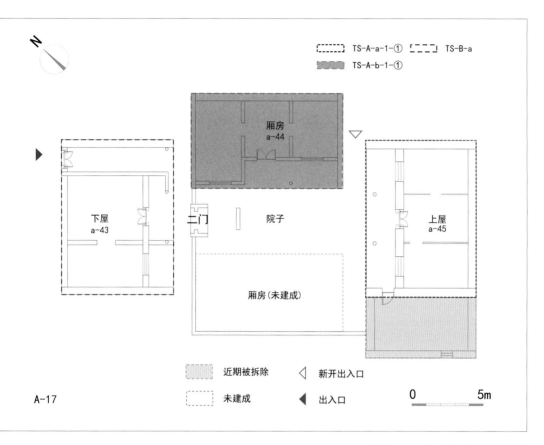

图 4-18 A-17 院使用现状示意

的儿子 TS-B-a 出生于1932年，郭中虎的出生年月不详，按郭家五十三世为"清"字辈来推算，郭中虎应是"清"字辈而且年龄也与下屋的建造年代相对吻合。但具体建房信息信息已无可考证，仅可以推测是出于某种原因在中华民国八年（1919年）以前或已经发生过易主的情况，A-17院的居民已经由二门郭士杰家族的后人转变为长门郭雄家族的后人，并一直延续至今。

（十）B-3 院使用现状

B-3院是由北厢房 (b-05)、南厢房（现已不存）和上屋 (b-06) 构成的三面围合的住宅。院落原有大门开在院落西侧，两厢房西山墙之间的位置，在2016年调查时，大门已不存在，南厢房也只留下部分建筑遗迹，但地基仍归原房主所有。

B-3院现存房屋的主人是长门郭雄一支的后人，与前文提到的 A-13院，尤其是 A-15院的居民有着比较近的血缘关系（如图4-19）。

上屋与北厢房就是五十二世郭天麒的次子郭清和 (TQI-B) 带着家人所建 [1]。郭清和有四个儿子，其中长子 TQI-B-a、次子 TQI-B-b、三子 TQI-B-c 跟该院的上屋和北厢房有关。

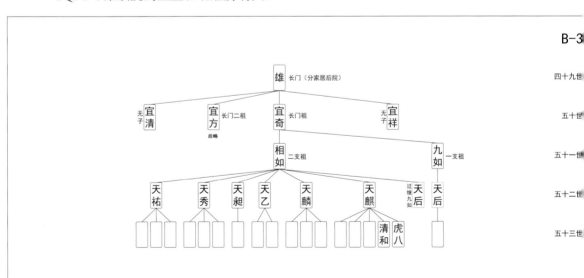

图 4-19　B-3 院郭清和家族图谱局部

---

[1]　目前可知 B-3 院的北厢房 (b-05) 是五十三世的郭清和及其家人建造于中华民国十六年（1927年）。

郭清和的儿子分家时，长子 TQI-B-a、次子 TQI-B-b 各分得北厢房的一半，三子 TQI-B-c 分得上屋。郭清和的长子和次子没有后人。三子 TQI-B-c 有两个儿子 TQI-B-c-1和 TQI-B-c-2，其中次子 TQI-B-c-2过继给 TQI-B-b 为继子 TQI-B-b-1。后来 TQI-B-c 将上屋传给长子 TQI-B-c-1。郭清和的长子 TQI-B-a 也没有后人，最后整个北厢房就传给了 TQI-B-b 的继子 TQI-B-b-1（如图4-20）。

郭清和的哥哥郭虎八是郭天麒的长子，南厢房的主人就是郭虎八的后人。郭虎八有两个儿子，房子的最终所有者是其长子 TQI-A-a 的儿子 TQI-A-a-1。南厢房在十几年前的大雨中坍塌，现在只残留建筑基础，建造的具体情况已无人可知。

从已知的信息推测，郭相如的七个孩子分家的时候，次子郭天麒分

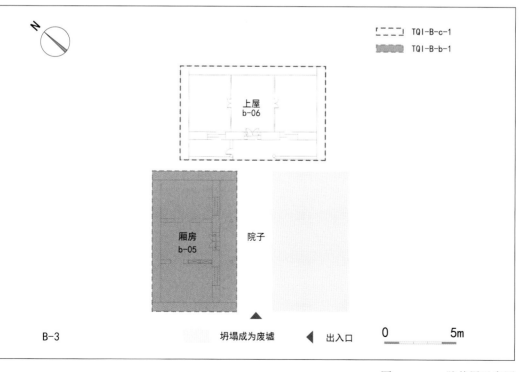

图 4-20　B-3 院使用示意图

到 A-15 院的上屋用地，在光绪二十三年（1897年）建造了 A-15 院的上屋。后来郭天麒家族的五个孩子分家时，其三子郭中吉分到 A-15 院上屋东边的两间，五子郭贯三分到上屋西边的一间。长子郭虎八和次子郭清和在 B 片区新建 B-3 院的房屋。郭清和带着家人建了上屋和北厢房。郭虎八带着家人建了南厢房，后来居住紧张的时候又在 B-3 院与 B-4 院上屋之间的空地上建了一间小屋。中华人民共和国成立初期，郭虎八的次子 TQI-A-b 分到原来是郭相如的五子郭天昶所有的 A-13 院的西厢房处居住，B-3 院的南厢房就留给了郭虎八的长子 TQI-A-a，最后又传至孙子辈。因此出现一个院子叔伯兄弟两家所有、使用的情况。据说 B-3 院还是 B 片区最早的三栋都是瓦房的院子[1]。

（十一）B-1 院使用现状

B-1 院是由和东厢房（b-02）、西厢房（现已不存）和上屋（b-01）构成的三面围合的住宅。院落原有的大门开在院落的南侧，两厢房的南山墙之间。在2016年调查时，大门已不存在，西厢房也只留下部分建筑遗迹。B-1 院也是目前所知郭家大院在中华人民共和国成立之前建造的最后一座三栋均是瓦房的院子[2]。

经调查可知 B-1 院现存房屋的主人都是郭相如家族的后人，与前文提到的 A-13 院、A-15 院、B-3 院的居民有着比较近的血缘关系，也都是长门郭雄一支的后人。

---

[1]   据说 B 片区建造最早的房子为紧邻 B-3 院南侧的 B-4 院，略早于 B-3 院。B-4 院原先所建的房子全部为草房，直到20世纪70年代才翻建成瓦房。

[2]   B-1 院的上屋（b-01）建造于中华民国三十四年（1945年）。

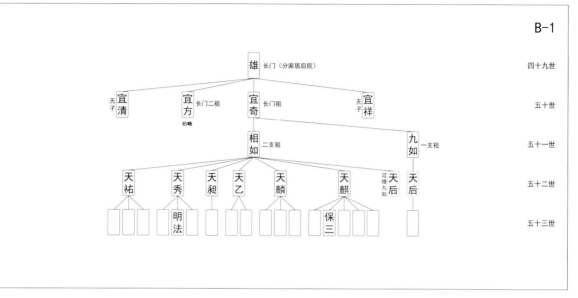

图 4-21　B-1 院郭保三家族图谱局部

据上屋曾经的主人讲，B 片区这块台地狭长，不便建造规模较大的住宅，在中华人民共和国成立之前的一段日子，B 片区建的一些房子是给工人们住的，或饲养牲畜的棚屋。后来家族人口发展，居住用地紧张时就陆续翻建。郭相如七子分家时，B-1院所在的地方分给三个儿子所有。其中，上屋所在的地方分给了郭相如的四子郭天乙，东厢房所在的地方分给了六子郭天秀，西厢房所在的地方分给了五子郭天昶（如图4-21、图4-22）。

后应该是郭天秀的次子郭明法（TX-B）的家人在东厢房所在的地方建起两间双坡屋顶的瓦房，后传给郭明法的长子 TX-B-a，因长子无后，最后房子又传给次子的儿子 TX-B-b-1[1]，其也是 A-13院东厢房北边

[1]　郭明法的长子 TX-B-a 无后，次子 TX-B-b 的儿子 TX-B-b-1过继给长子 TX-B-a 为继子，最后 TX-B-b-1继承了两个人所有的房子。

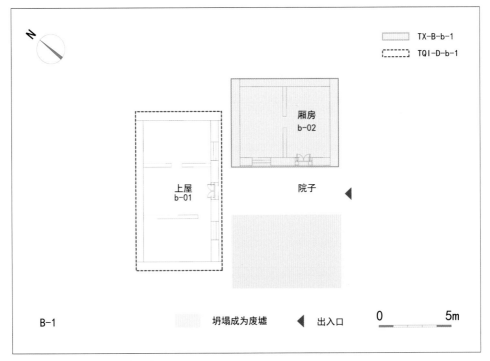

图 4-22　B-1 院使用现状示意

三间现在的主人。

　　西厢房据说很早（20多年前）已经坍塌，坍塌之后上屋的一家和东厢房的一家还曾在此建过一栋单坡的小房，一家一半作为厨房使用，但地基仍属于五十二世的郭天昶家所有。

　　上屋所在的地方最初是分给了郭相如的四子郭天乙，后来郭天乙的次子 TY-B 在此建了三间双坡屋顶的瓦房，也就是现在的上屋。中华人民共和国成立之初，上屋被分配给郭天麒的四子郭保三（TQI-D）所有，后来又传给郭保三的次子 TQI-D-b，TQI-D-b 无后，郭保三的三子 TQI-D-c 有两个儿子，于是将长子 TQI-D-c-1 过继给 TQI-D-b 做了继子 TQI-D-b-1。最后三间上屋又传给了 TQI-D-b-1 所有。因此最后呈现出一个院子由两家所有、使用的情况。

郭家大院的建造基本停止之后，建造者以及后续使用者的家族内部仍在不断地发展变化，人们在院落空间没有太大变化的前提下，不断地通过各种调节手段去适应环境，以满足家庭结构变化所带来的新的家庭生活需要，其间也零星地对院落空间内部或建筑空间进行改造来缓解空间使用方面的矛盾，或多或少地影响到了传统村落的风貌，同时也留下了村落发展的印记。

至1980年前后，郭家大院的居民由于居住空间不足，在政策及条件允许的情况下，一部分居民开始向外迁移。迁出的居民先在郭家大院东侧的两块台地上建造住宅，形成了 C、D 两个新的片区。之后又向西南侧发展，又在向西递减的三块小台地上建造住宅，形成 E、F、G 三个片区，最后又在其南侧的若干向西缓缓降低的台地上建造住宅，形成了 H、I、J、K 四个新片区。最终形成了草庙岭村现有的空间格局。

随着社会的发展，有一部分居民因外出打工、孩子上学等原因陆续从岭上离开。2011年夏季，受连阴雨影响，郭家大院所在的台地西侧出现严重的滑坡，西侧的寨墙和台地边缘的部分建筑出现不同程度的损坏，其他台地上的建筑也受到不同程度的影响，考虑到居民的生命财产安全，村里将在住的居民迁居到西侧岭下新的区域居住。目前草庙岭行政村中，位于岭上第一、第二生产队的居民仅剩9户（庙后4户，庙南5户），20多人在住，大多是60岁以上的老人。

第五章　传统建筑的特色

一、传统建筑空间布局

（一）间数

传统民居的单体建筑多以间为基本规模计量单位，每四根柱子围成一间，一间的宽为面宽，深为进深。单体建筑平面是由若干间沿面宽方向组合，联合数间共用一个屋顶，组成一栋房屋，建筑的总面宽称为通面宽。民居建筑中也常见带有前檐廊或带有前后檐廊的单体建筑，间的进深加上廊的进深称为通进深。

单体建筑一般多用奇数间数，如一间、三间、五间、七间等。单体建筑的间数和架数也是等级制度控制的具体量化指标。从唐代"六品、七品堂三间五架，庶人四架"起，到明代"六品至九品，厅堂三间，七架""庶民庐舍不过三间五架"的律例规定[1]，一般百姓住宅的正房也限制为三间。但由于清代经济有较大发展，富民、富商有建大宅的要求，在京城限制较严，正房间数虽然限定为三间，但可通过在正房两侧各建两间、三间耳房而实际上建成七间、九间，也有建多进院落和跨院形成巨宅。京城以外，也有通过变通的方法建造较大住宅的情况。[2]

河南传统民居建筑中的单体建筑以三间居多，三开间的平面形式中"一明两暗"式的数量最多，运用最为广泛。

草庙岭村的传统建筑中，从规模上看开间数有一间、两间、三间、四间、五间的单体建筑，有一部分偶数开间的建筑存在。两间、三间、

---

[1]　左满常、渠滔：《河南民居》，中国建筑工业出版社，2012，第175页。

[2]　付熹年编著：《中国科学技术史·建筑卷》，科学出版社，2008，第806页。

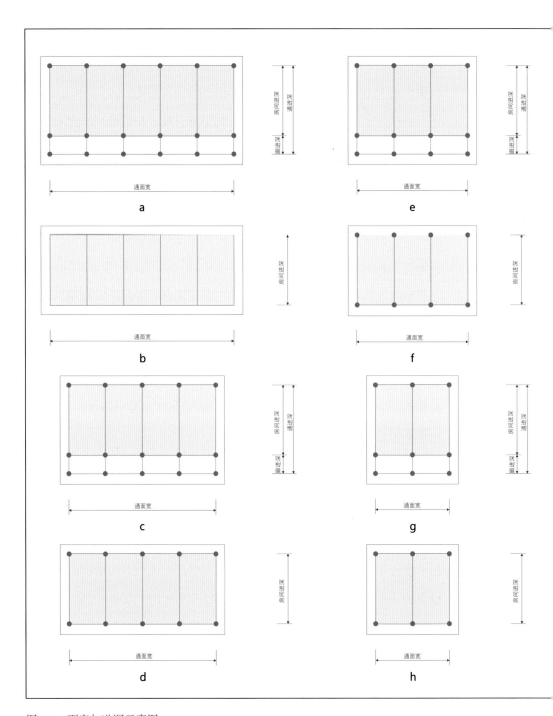

图 5-1　面宽与进深示意图

四间、五间的单体建筑各自还有带前檐廊与不带前檐廊两种，带有前檐廊的建筑可获得较大的整体进深，或可增加内外部的过渡空间，或可获得更大的使用空间。相反不带前檐廊的建筑进深较浅。

五开间带前檐廊的传统建筑中一栋是圣母庙（奶奶庙）的前殿（临街房）（如图5-1a），剩下的主要是住宅院落的下屋（临街房）或上屋（正房）。五开间不带前檐廊的建筑是20世纪70年代建造的坡屋顶形态的建筑，与传统建筑的形态构成方面有所不同（如图5-1b）。四开间带前檐廊的传统建筑是作为传统院落的下屋、厢房使用（如图5-1c）。四开间不带前檐廊的传统建筑也是位于传统院落内作为厢房使用。三开间带前檐廊的传统建筑最为多见，如圣母庙的后殿、两厢房以及一部分传统院落中的上屋与厢房等（如图5-1e）。三开间不带前檐廊的传统建筑也是作为传统院落的上屋或厢房使用（如图5-1f）。两开间带前檐廊的传统建筑，郭家大院中仅有一例，是作为厢房使用（如图5-1g）。两开间不带前檐廊的传统建筑比较少见，也是作为厢房使用（如图5-1h）。一开间不带前檐廊的传统建筑极为少见。

（二）单体建筑的平面空间组合

传统民居一般以间为单位，数间联合共用一个屋顶组成一栋房屋。为了维持中轴对称，房屋间数多用奇数。平面空间组合一般以间为单位设置独立的室，即专用的房间。以典型的三开间"一明两暗"房屋为例，在空间组织上，中间一间位于中轴线上，房门一般开在中间，平时大门打开，室内开敞明亮。功能方面作为家庭内部敬神尊祖、祭天拜地以及家庭成员活动的堂屋或是待客的客厅等公共空间使用，因此常被称为"明"间。两边的两间开窗，从室外不能直接进入室内。两侧室内与"明"

间之间设隔墙分隔，隔墙上留门，进出两侧内室必须经由此门。两边的两间功能方面作为就寝的内室，相对封闭具有良好的私密性，因此常被称为"暗"间。草庙岭的传统建筑中，典型的"一明两暗"房屋较为常见，然而受房屋的间数、空间组织等因素的影响，非"一明两暗"的情况也较为多见。

草庙岭的传统建筑中，五开间的圣母庙前殿与一般合院民居的朝向相反，面向院外一面带前檐廊，后檐墙朝向院内。五间中的中间三间室内连通，两边两间各自独立，呈现五间三室，中间一室人两边两室小的格局。三开间的圣母庙后殿（卷棚殿）以及东殿、西殿、戏楼因其功能需要，都是三间室内连通为一体的非"一明两暗"格局。

现存的传统住宅建筑中，五开间的建筑中有下屋也有上屋，都带有前檐廊。

五开间的下屋正中间一间与两边两间用隔墙分隔，隔墙上留有门连通两室，中间为堂屋（客厅），两边为卧室。外侧的其中一间留作进入院落的大门及门道。外侧的另外一间有三种情况：一种是与内侧一间卧室连为两间一室的较大卧室，但外侧的一间也开有一门可进出室内；另一种是与内侧的卧室之间用隔墙分隔，内部空间各自独立，独立开有出入口；还有一种是与内侧的卧室之间也用隔墙分隔，但开有一门连通，形成了卧室内的套间，空间私密性更强。

五开间的上屋，同样正中间一间与两侧的两间用隔墙分隔，隔墙上各自开有一门连通内室，中间为堂屋，两边的两间为卧室。最外侧的两间有两种情况，一种是与内侧一间卧室连为两间一室的较大卧室；另一种是与内侧的卧室内部也相连，但又在最外侧一间开有出入口可进出室内。

四开间的传统住宅建筑中有下屋也有厢房。

四开间带有前檐廊下屋的其中一间独立留作进入院落的大门和门道，另外三间与常见的"一明两暗"格局一致。

四开间的厢房有带前檐廊和不带前檐廊两种。不带前檐廊的厢房是其中一间独立分隔为一室，设有独立的门窗，另外三间与常见的"一明两暗"格局一致。带前檐廊的厢房有两种情况，一种与不带前檐廊的厢房一样，其中一间独立分隔为一室，设有独立的门窗，另外三间与常见的"一明两暗"格局一致。另一种是四间中每两间各自为"一明一暗"的格局。

三开间的传统住宅建筑中有下屋、上屋，也有厢房。无论带不带前檐廊，基本都是常见的"一明两暗"格局。

两开间的传统住宅建筑中只有两例厢房，带前檐廊的一例，两间各自独立一室，各自设有门窗的"一明一暗"格局。不带前檐廊的其中一例也是两间各自独立一室，各自设有门窗，也是"一明一暗"的格局。

一开间的仅有一例，虽然是传统四合院中的下屋，但据说最早不是作为居住用房使用，而是作车马房使用，空间形态也较为独特。

二、传统建筑营造

（一）屋顶形态

清代常见的建筑屋顶形式主要有硬山、悬山、歇山、庑殿、攒尖、平顶（平台屋面）六个基本形式。在草庙岭村的所有建筑中主要是传统的硬山式建筑，以及现代用钢筋混凝土预制楼板建造屋面的平屋顶房屋，仅有几例悬山屋顶。

　　硬山建筑的屋面一般仅有前后两坡，左右两侧山墙与屋面相交，并将檩木梁架全部封砌在山墙内，左右两端不挑出山墙之外的建筑。其目的都是为了防止雨水、湿气对檩头的腐蚀。

　　悬山是将屋面伸出山墙之外，所以当地也称其为"出山"。悬山屋顶的形制较为原始，因为早年制砖业不很发达，为保护山墙免遭风雨侵蚀就需将屋面挑出山墙外，因此这种屋顶形式最常见的是用于墙体由土坯砌筑的建筑之上。草庙岭村的传统建筑中仅有 A-9 院的上屋等几例悬山屋顶（如图5-2）。

图 5-2　悬山屋顶

（二）梁架结构

在豫西地区民居的调查中，常见到的房屋承重结构属于木结构构架组合中的抬梁式构架。草庙岭村传统建筑的梁架结构也是属于抬梁式构架。

中国古建筑在立面上由三部分组成，下部为台基，中部为构架，上部为屋顶，即所谓的"三段式"。其中构架部分是建筑物的骨架和主体。"梁"是中国传统建筑中重要的构件之一，是建筑物上部构架中最为重要的部分。依据梁在建筑构架中的具体位置、详细形状、具体作用的不同，有不同的名称。按照梁上面承托檩的数量，可以分为三架梁、四架梁、五架梁、六架梁、七架梁等。清工部《工程做法则例》列举了七檩、六檩、五檩硬山建筑的例子，这些也是硬山建筑中最为常见的形式。[1]七檩带前后檐廊的建筑是民居中体量最大，地位最显赫的建筑，常被用作正房，有时也被用作过厅。

在豫西地区的民居调查中，七檩、六檩、五檩硬山抬梁式构架建筑也较为常见。五檩不带前后檐廊的硬山建筑在进深方向列有两排柱子，柱子顶端沿着房屋进深方向架起大梁，大梁上前后各收进一步架（相邻两檩之间的水平距离）的位置设置两根瓜柱，瓜柱顶端放置稍短的梁也称二梁，中间立脊瓜柱形成三角形的一榀屋架，这个大梁上共承托五根檩条也就是所谓五架梁。两榀构成一间房屋，三间的房屋一般由四榀屋架构成。大梁和二梁的两端以及二梁中间的脊瓜柱上架檩，檩间架椽构成双坡顶五檩的房屋空间骨架。屋面上椽子分为四段，每相邻两檩为一段（步架），檐椽用于屋檐向外挑出（如图5-3a）。

---

[1]　马炳坚：《中国古建筑木作营造技术（第二版）》，科学出版社，2003，第15页。

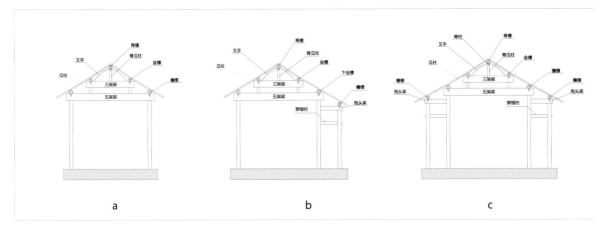

图 5-3 豫西常见硬山建筑构架示意图

　　六檩带前檐廊的硬山建筑是在五檩硬山建筑的基础上，前面增加一排檐柱，在通进深方向列有三排柱子，檐柱内侧为金柱。檐柱和金柱之间用抱头梁和穿插枋相连接。在抱头梁端头、大梁和二梁的两端以及二梁中间的脊瓜柱上架檩，檩间架椽，构成双坡顶六檩的房屋空间骨架，屋面上椽子分为五段（如图5-3b）。

　　七檩带前后檐廊的硬山建筑是在五檩硬山建筑的基础上，前后各增加一排檐柱，在通进深方向列有四排柱子，檐柱内侧为金柱。檐柱和金柱之间用抱头梁和穿插枋相连接。在抱头梁端头、大梁和二梁的两端以及二梁中间的脊瓜柱上架檩，檩间架椽，构成双坡顶七檩的房屋空间骨架，屋面上椽子分为六段（如图5-3c）。坡顶的重量依次通过椽、檩、梁、柱，最后传到地表支撑面。

　　草庙岭村传统建筑的梁架结构既有豫西地区常见到的传统民居木结构构架中的共性，也有不同于周边其他民居的特殊之处。

1. 六檩

　　在草庙岭村的传统建筑中，没有七檩的硬山式建筑，进深最大也只是六檩的硬山建筑，如圣母庙的前、后殿以及 A-13院的上屋、下屋等。六檩硬山建筑中根据功能及结构的不同可以细分出五种类型 (如图5-4)。

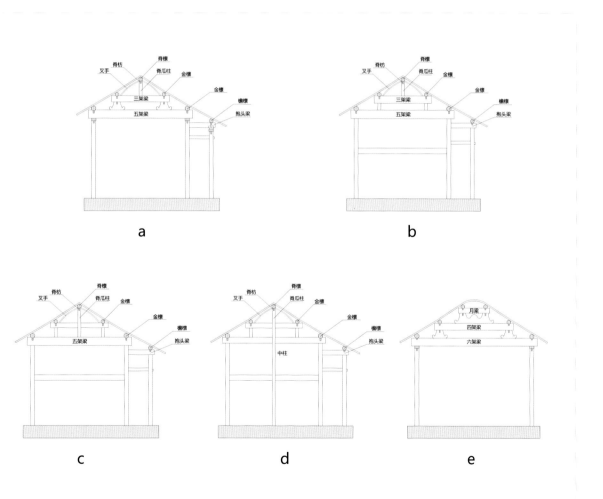

图 5-4　六檩梁架示意图

（1）六檩出前檐廊

圣母庙的前殿和后殿是在五檩硬山建筑的基础上，前面增加一排檐柱的六檩建筑。在通进深方向列有三排柱子，檐柱内侧为金柱。檐柱的柱头上承托平板枋，檐柱和金柱之间用抱头梁和穿插枋相连接。金柱与檐柱之间架大梁，大梁上前后各收进一步架的位置，一般的民居建筑会设置两根瓜柱，圣母庙的前殿（中间一间）和后殿则用柁墩代替瓜柱。柁墩的两面雕刻有精美的木雕图案，上面放置稍短的二梁，二梁中间立脊瓜柱，在抱头梁端头、大梁和二梁的两端以及二梁中间的脊瓜柱上架檩，檩间架椽构成双坡屋顶六檩的房屋空间骨架，屋面上椽子分为五段（如图5-4a、图5-5、图5-6）。

（2）六檩出前檐廊有楼棚板

在五檩硬山建筑的基础上，前面增加一排檐柱的六檩建筑。在通进深方向列有三排柱子，檐柱内侧为金柱。檐柱和金柱之间用抱头梁和穿插枋相连接，金柱与后檐柱之间架大梁。豫西地区常见的传统民居中大梁上会设置两根瓜柱，三门峡地区也有少数如前述圣母庙的前、后殿那样用柁墩代替瓜柱的民居案例。草庙岭村的传统民居中也都是在二梁上设置两根瓜柱，瓜柱上放置稍短的二梁，二梁中间立脊瓜柱，在抱头梁端头、大梁和二梁的两端以及二梁中间的脊瓜柱上架檩，檩间架椽构成双坡顶六檩的房屋空间骨架，屋面上椽子分为五段。与圣母庙的建筑不同，传统民居建筑中两根落地的金柱与后檐柱之间还有一根两端插入两根柱内的承重梁，两榀木架的承重梁上再铺设楼板使室内空间形成二层，用来做储存物品的空间（如图5-4b、图5-7）。

图 5-5　后殿西侧梁架

图 5-6　后殿东侧梁架

图 5-7　五架梁

（3）六檩出前檐廊脊瓜柱两侧单步梁有楼棚板

同样也是在五檩硬山建筑的基础上，前面增加一排檐柱的六檩建筑，但内部的梁架结构略有不同，也是在通进深方向列有三排柱子，檐柱内侧为金柱。檐柱和金柱之间用抱头梁和穿插枋相连接，金柱与后檐柱之间架大梁。大梁正中设置瓜柱支撑脊檩，脊瓜柱与两侧檐柱之间的位置又各立一瓜柱，各自支撑一根单步梁，梁端又各承托檩条。檩间架椽构成双坡顶六檩的房屋空间骨架，屋面上椽子分为五段。由此，大梁上同样承托五根檩条，但与常见的五架梁中间承托三架梁的情况有所不同。室内部分同样也是在金柱与后檐柱之间插入一根承重梁，两榀木架的承重梁上再铺设楼板使室内空间形成二层，用来做储存物品的空间（如图5-4d、图5-8）。这样的例子在草庙岭村目前也仅存一例，即 A-10 院的上屋。

图 5-8 脊瓜柱两侧单步梁

（4）六檩出前檐廊有楼棚板中的中柱构架

在硬山建筑中，贴着山墙的梁架称为排山梁架。排山梁架常使用山柱，山柱为由地面直至屋脊的落地柱，顶端直接顶着脊檩，将梁从中间分为两段，使五架梁变为两根双步梁，三架梁变成两根单步梁。草庙岭村的传统民居中有一例，即 A-13 院五开间的下屋，中间一间的两榀木构件是常见木构架，而在最东的一间与东边第二间之间用的就是这样类似排山的木构架（如图5-4d、图5-9）。除此之外都与六檩出前檐廊的传统民居建筑的特征一致。

（5）六檩卷棚

卷棚顶也是在进深方向列有两排柱子，柱子顶端沿着房屋进深方向架设大梁。梁上各自收进一步的位置设置短柱，再在上面架设稍短的二梁，在房脊位置设置并列的两根瓜柱，最上端设置较短的月梁，每根梁端都架设两根檩条，因此大梁上共架设六根檩条故称之为六架梁。两檩

图 5-9　有中柱房屋

图 5-10　六檩卷棚殿东侧梁架

之间架椽，月梁上的两檩之间架罗锅椽，构成双坡顶六檩卷棚房屋的空间骨架，屋面上椽子分为五段。圣母庙卷棚殿（献殿）大梁上的短柱被柁墩代替，屋脊部位应设置并列的两根瓜柱也被两个连体的雕刻精美图案的柁墩代替。另外也是在檐柱的柱头上增加了平板枋（如图5-4e、图5-10）。

2. 五檩

五檩不带前后檐廊的建筑在豫西民居中比较常见，不过在草庙岭村却不多见，仅有的几例可分为以下两种（如图5-11）。

（1）五檩的戏楼

在豫西民居中，比较常见的五檩二梁不带前后檐廊的硬山建筑在草庙岭村的传统建筑中仅有一栋，便是戏楼。戏楼在近期进行过改造，已非其原貌，但通过村民的描述可以推断出戏楼以前的样子。原来的戏楼梁架与常见的五檩传统民居建筑有一些不同，在进深方向列有两排柱子，前檐柱的柱头上放一块横着的平板枋，平板枋上承托大梁，大梁的上端承托檐檩。后檐柱的柱头上直接承托大梁。大梁的梁端没有直接承托后檐檩，而是还立有一根短柱，短柱上端承托檐檩。大梁两端向内各收进一步的位置，不是设置瓜柱，而是各设置一个木雕的柁墩，柁墩上承托稍短一些的二梁，二梁两端各承托一根檩条，二梁正中立脊瓜柱，上端承托脊檩，构成一榀屋架。三间戏楼的中间一间用木构架，两侧与山墙搭接的部分被封闭在山墙内（如图5-11a、图5-12）。

2012年曾对戏楼进行过修缮，在平板枋的下面增加了钢筋混凝土的承重梁，为了避免在有演出的时候遮挡台下观众的视线，靠着两边山墙新砌筑两根承重柱替换了原有的承重柱。

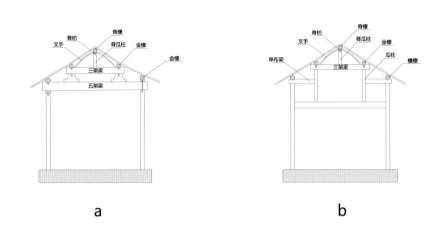

图 5-11　五檩梁架示意图

（2）低梁高瓜柱有楼棚板

　　另外一种五檩的硬山建筑在河南也较为常见，在草庙岭村却不多见，也是在进深方向列有两排柱子，然而并没有在柱子顶端沿着房屋进深方向架梁，而是在两根柱子之间插入承重梁，在承重梁上前后各收进一步架的位置设置两根瓜柱，瓜柱较长，顶端放置稍短的二梁，二梁中间立脊瓜柱。在两根瓜柱上分别插入一根单步梁，两根落地檐柱的柱头分别承托两根单步梁，形成一榀屋架。在两根单步梁的梁端与二梁的两端以及中间的脊瓜柱上架檩，檩间架椽构成五檩双坡顶的房屋空间骨架。另外，在两榀木架的插梁上直接架设枋木，铺设楼板，使室内空间形成二层，也用来做储物之用。这样的做法相对节省木料，外观与其他建筑没有太大的区别（如图5-11b、图5-13）。这样建筑的建造年代相对较晚，基本都在20世纪70年代前后。

图 5-12　戏楼的梁架

图 5-13　低梁高瓜柱有楼棚板

3. 四檩

四檩的建筑在豫西地区较为常见，在草庙岭村四檩的硬山建筑主要有以下三种情况。

(1) 四檩出前檐廊

圣母庙的东、西殿是四檩带前檐廊的硬山建筑。在进深方向列有三排柱子，是在三檩硬山建筑的基础上，增加一排檐柱，檐柱内侧为金柱。檐柱柱头上承托平板枋，平板枋上承托抱头梁，檐柱和金柱之间还有穿插枋相连接。在金柱与后檐柱上架大梁，大梁正中立脊瓜柱，形成三角形的一榀屋架。这个大梁上承托三根檩条也就是三架梁。在抱头梁端头、大梁的两端以及中间的脊瓜柱上架檩，檩间架椽，构成双坡顶四檩的房屋空间骨架，屋面上椽子分为三段（如图5-14a、图5-15）。

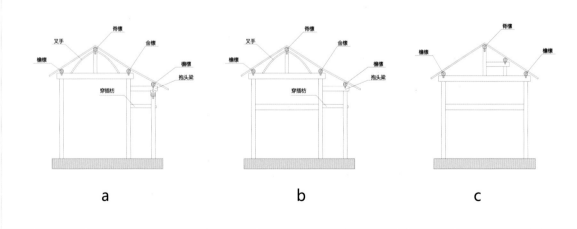

a b c

图 5-14 四檩梁架示意图

图 5-15　四檩出前檐廊建筑内部

（2）四檩出前檐廊有楼棚板

第二种四檩出前檐廊的传统建筑如图5-17中的 b，与 a 基本相同，只是在一榀屋架大梁的下方，两根柱子之间还有一根插入两根柱内的承重梁，两榀木架的承重梁上再架设枋木，铺设楼板，使室内空间形成二层，多用来储存粮食、农具、杂物等（一般会在三开间的中间一间设置可以上下的木质楼梯）。一般位于传统合院民居中轴线上的建筑体量都相对较大，四檩带前檐廊的建筑用作下屋（倒座）时，构成双坡顶四檩的房屋空间骨架也相对大些，屋面上分为三段的椽子也相对较长。一般也是会在正中间的一间设置可以上下的木质楼梯（如图5-14b、图5-16）。

（3）四檩脊瓜柱单侧单步梁有楼棚板

还有一种是在房间的进深方向列有两排柱子，两柱头上架大梁，大梁正中立脊瓜柱，脊瓜柱与一侧檐柱中间的位置又立一根瓜柱支撑一根单步梁，脊檩与大梁两端、单步梁梁端各承托檩条。大梁上同样承托四根檩条，外观上看与常见的三架梁的情况相同，屋顶的两面坡长一样但内部结构却略有不同。两根落地柱子之间，还有一根两端插入两根柱内的承重梁，两榀木架的承重梁上再铺设楼板使室内空间形成二层，用来做储物的空间（如图5-14c、图5-17）。这样的架构在草庙岭村也仅见到一例，即 B-1院的上屋。

图 5-16　四檩出前檐廊房屋内部有楼棚板

图 5-17　四檩脊瓜柱单侧单步梁有楼棚板

4. 三檩

三檩的建筑进深相对较浅，基本上都是用作厢房。从檩的数量上来看都是三根檩条，但结构仍有不同之处，可细分为两种类型。

（1）三檩三架梁有楼棚板

第一种是三檩不带前檐廊的硬山建筑，在进深方向列有两排柱子，柱子顶端沿着房屋进深方向架大梁，大梁中间立脊瓜柱形成三角形的一榀屋架。梁的两端以及中间的脊瓜柱上架檩，这个梁上共承托三根檩条也可以说是三架梁。檩间架椽，构成三檩双坡顶的房屋空间骨架。另外，在一榀屋架大梁的下方，两根落地柱子之间，还有一根两端插入两根柱内的承重梁，两榀木架的承重梁上再铺设楼板，使室内空间形成二层，也是多用来做储物的空间。一般会在三开间的中间一间设置可以上下的木质楼梯（如图5-18a、图5-19、图5-20）。

（2）三檩脊瓜柱单侧单步梁有楼棚板

第二种同样也是在进深方向列有两排柱子，然而并没有在柱子顶端沿着房屋进深方向架梁，而是在两根柱子之间插入承重梁，在梁中间立

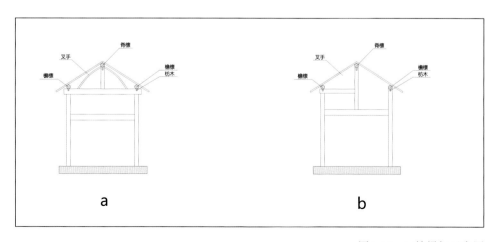

图 5-18　三檩梁架示意图

图 5-19　三檩三架梁有楼棚板梁架

图 5-20　三檩三架梁有楼棚板房屋外观

脊瓜柱，在脊瓜柱的一侧插入一根单步梁，一根落地的柱子上承托单步梁，形成一榀屋架，单步梁的端头以及脊瓜柱上架檩，另一根落地柱的端头直接架檩，檩间架椽构成三檩双坡顶房屋的空间骨架。同样在两榀木架的承重梁上直接铺设楼板使室内空间形成二层，主要也是用来做储物之用。也是在三开间的中间一间设置可以上下的木质楼梯。据说，这样的做法主要是通过单步梁起到稳定脊瓜柱的作用，而且相对于第一种而言可以节省木料（如图5-18b、图5-21）。

图 5-21　三檩脊瓜柱单侧单步梁构架

（三）屋面

硬山式抬梁建筑的骨架主要由柱、梁、枋、檩木以及椽子、望板等基本构件组成。椽子是屋面木基层的主要构件，屋面上椽子分为若干段，每相邻两檩为一段，用于屋檐并向外挑出的为檐椽，在各段椽子中檐椽最长，檐椽头部都有横木相联系，称为连檐。在椽子上面铺钉望板，也是木基层的主要部分，屋面木基层之上是灰泥背和瓦屋面部分。

椽子直接承受屋顶荷载，豫西地区常见的有圆椽与方椽，一般比较规整。一般在房屋的椽子上面铺钉望板，经济条件较好的人家在建房时会铺设望砖、望瓦，朴素的民居中也还常以席箔、荆笆等代替望板铺钉在椽子之上。

1. 望砖

　　望砖是木构架房屋中铺在屋面椽子上的薄砖。望砖规格统一，整体铺钉望砖的室内顶面平整、气派美观。望砖具有不易糟朽的特点，防风、防尘的效果也相对较好。但望砖制作成本相对较高，且自重较重，其下面的椽子要承载的荷载较大，因此对椽子的规格及铺设的要求也更高。有些望砖表面还有福、寿或是八卦图案等。草庙岭村的传统民居中没有使用望砖的房屋。传统建筑中也仅有圣母庙的后殿使用了望砖（如图5-22）。

2. 望板

　　草庙岭村的传统建筑中椽子上铺钉望板的情况最为常见。除了圣母

图 5-22　圣母庙后殿东侧的望砖

图 5-23　圣母庙配殿中的望板　　　　　　图 5-24　民居中的望板

庙后殿的椽子上铺设了望砖以外，卷棚殿、东西配殿、前殿及庙外戏楼的椽子上也都是铺设的望板。传统民居中上屋、下屋、厢房的椽子上也都铺钉望板。相对望砖而言，铺设望板经济成本较低，木材自重较轻，所以椽子要承载的荷载也相对较小，而且大块的板材也利于拼接出较大且平整的平面，不仅美观大方，也降低了对椽子间距的要求，可缩短工期，减少施工的难度。有些家庭建房时受条件的限制，也会用较小块的板材拼接出相对平整的平面，更加经济实惠。近些年，人们在翻修老房子时也喜欢铺设望板来对屋面进行修缮（如图5-23、图5-24）。

3. 竹笆

洛宁县多产淡竹，故有"绿竹之乡"的美称。洛宁淡竹历史悠久，闻名全国。据中华民国六年《洛宁县志》记载，北魏时就有"山川澄秀，竹林翁郁"之说。洛宁人民利用淡竹制造出了品种繁多深受欢迎的竹器。

草庙岭村的居民也用竹子来编制竹家具、竹门、竹窗等。传统民居中也常见用竹子编制竹笆代替望板铺钉在橡子之上。竹笆表面无须处理，抗压强度高，使用寿命也相对较长，而且材料来源充沛，只需投入人力制作成本便可获得，更加便利实惠。我们在河南传统民居的调查中，所见到的传统民居虽说各地区都有各自的特色，但草庙岭村的传统民居中橡子上铺设竹笆的房屋给人"竹乡"的地方特色印象较为深刻（如图5-25、图5-26）。

图 5-25　用在上屋的竹笆

图 5-26　用在厢房的竹笆

4. 荆笆

荆条在中国北方地区广为分布，在豫西地区也极其常见，多生于山地阳坡上。荆条枝条柔韧，农村常用来编制各种筐篮，也常用来编制荆笆代替望板铺设在椽子上。草庙岭村所见到的荆笆是用荆条枝条梢顶的部分（村民称为"荆梢"）编制的，荆笆上面覆以黄泥，再用青瓦覆盖。荆笆取材便宜且更为经济实惠（如图5-27、图5-28）。郭家大院的建筑群核心部分的几座四合院里没有使用荆笆的情况，使用荆笆的房屋基本分布于郭家大院比较边缘的位置，建造年代也相对较晚。

（四）墙面材料

墙体是传统建筑最主要的围护结构，它不仅要具备防卫、保温、隔热等基本的功能要求，还要考虑到经济性以及美观的需要。豫西地区的传统民居中常见的墙面材料主要有砖、石、夯土、土坯等。

图 5-27 荆笆 　　　　　　　　　　　　　　　　图 5-28 荆笆

　　用砖砌筑的墙体平整美观且防水耐磨,但相对来说,砖的制作过程复杂,成本较高,一般从房屋用砖量可以看出该户的经济实力。有些房屋为了美观,常常在房屋主立面使用整砖墙,或在重点部位用砖砌筑,别的地方则混合其他材料砌筑墙体。

　　山区民居常砌筑石墙,低山丘陵地区多用毛石、卵石及条石砌筑基础、下碱及墙身,靠近河流的村落多用卵石砌墙。还有一种当地称之为"料姜石"的材料,也常被用于砌筑墙体。

　　土坯墙多见于黄土丘陵地区,是用生土砖砌筑的墙。土坯的制作方法是将黏土掺水,待其不干不湿时,反复和匀后装入模子,捣实成型后,去掉模子晒干即成。在传统民居中,由于土坯的制作方法简单,易于操作,可自己动手而不必聘请工匠,经济又便利,因此土坯墙的使用频率较高。

　　夯土墙则是先用木板按需要的厚度支好模板,然后分层装入黄土,经反复夯实砌筑的墙体。土坯墙与夯土墙耐久性相对较差但经济实惠。

　　传统民居中常搭配使用上述材料,充分发挥各种材料的优势,形成经济实用又形态各异的墙体形式。草庙岭村所有的传统建筑没有一栋完全用一种材料建造而成。

　　近期建造的民居中也陆续开始使用后续出现的新建筑材料,用红砖砌筑墙体,或是用水泥对砌筑好的墙体进行装饰或保护,再后来用瓷片对建筑进行装饰等。在对传统建筑进行修缮时,原有的建筑材料无法补给时,也偶尔用新的材料来代替。

1. 砖

　　在草庙岭村的传统建筑中,除圣母庙的建筑、戏楼以外,传统民居中墙体外部整体用青砖的并不多，但从郭家大院东侧的台地高处眺望或从西侧的街口望过去，整体上呈现出青砖灰瓦的形象。从建筑用砖的部位以及用砖的数量来看，现存最西边两座院落的下屋正位于街道的西口，两栋建筑的西山墙表面材料整体用青砖砌筑。由西向东进入街中，紧邻的两座院落下屋的西山墙表面同样也用青砖砌筑（如图5-29、图5-30）。

另外，院落的大门是院落视觉重点部位，整体也用青砖修砌。而临街建筑的后背墙则整体用土坯填充（如图5-31）。

从院子内部一些房屋来看，只有门框、窗框的周边，山墙的墀头，墙体外围容易受磕碰损坏的部位、容易受潮损坏部位，同时也是显赫出彩的地方用砖来砌筑。也有一些房屋基本不用砖（如图5-32、图5-33）。

图 5-29 从郭家大院东侧的台地眺望

图 5-30　村落西口

图 5-31　A-14 院用砖砌筑的大门及用土坯填充的后背墙

图 5-32　正面仅局部用砖建筑

图 5-33　基本不用砖的建筑 [1]

---

[1]　两侧山墙上的砖是后来修缮房屋时新替换的材料。

另外，有意思的是几个院落的下屋与上屋东侧山墙的下半部分，多用石材砌筑，上身部分则用土坯砌筑，而只有山尖部分用青砖砌筑。大体推断可能是从郭家大院东侧的台地高处眺望时，建筑的山墙下半部分被其他建筑物遮挡，可见部分也只有山尖部分，因此只在山尖部分使用青砖，既可减少砖的使用，也能达到美观的视觉效果。而在街道或是建筑群内部游走时，山墙的山尖部分也是最显眼的部位，因此也是用砖的重点部位。通过对村里老人的采访，过去由于用砖的成本比较高，草庙岭村又位于云梦岭之上，进山的道路曲折迂回、弯多坡陡，过去交通手段落后、运输能力低下，青砖从外面运来要付出的代价巨大。因此，草庙岭村的村民就在临近郭家大院的地方建了公用的小砖窑。需要建房的人家在条件允许的情况下，根据需要自己烧砖制瓦。砖瓦得来不易，因此要把仅有的砖用在建筑最重要的位置以及显赫出彩的地方，已成为人们建造房屋时的一种共识，村里人说的"穿靴戴帽"形象地描述了砖在建筑上的使用特点。

2. 石

草庙岭村传统民居中使用的石材也相对较多。据村民讲，草庙岭村虽地处山岭之上，但所在地区整体被黄土层覆盖，没有岩石裸露。在村子东侧的山沟里有一条小河，村里建房所用的石材都是出自小河的河滩。虽然相对耗时、费力，但比起青砖的成本要低得多。石材最多的就是用来砌筑房屋的基础、山墙的下碱及墙身部分（如图5-34）。

在草庙岭村的传统建筑中，还常见用一种当地人称为"料姜石"的石材一粒一粒填充砌筑的山墙。据村民介绍，料姜石因状如生姜而

图 5-34　山墙上用的石材

得名，主要成分是碳酸钙，为风化土层中钙质结核。这种材料比普通石材软，但是不怕雨淋，人们常用来砌墙、铺路。不像为了建房而专门采集的石材那样，料姜石是人们在日常的农事活动中，在田地里翻出的不利于农作物生长的硬杂质，村民们带回积攒起来，待建房时使用。料姜石经济实用，结合砖砌的结构，可以自由构成丰富美观的形态，地方特色浓郁。在近期的村落环境改造中也被作为景观要素应用（如图5-35至图5-37）。

3. 夯土

夯土技术是我国最古老的营造技术之一，早在商代就已经广泛使用了，除在筑城、宫殿方面是用夯土以外，居住房屋方面也使用夯土版筑

图 5-35　用料姜石填充山墙的圣母庙前殿

图 5-36　用料姜石填充的山墙

图 5-37　用料姜石砌筑的景观墙

技术。[1] 直至近现代在我国农村仍然广泛使用。夯土墙造价低廉，保温性能很好，而且坚固耐用。

　　草庙岭村所在地区整体被黄土层覆盖，黄土最易于获取，在草庙岭村的传统民居中，夯土墙可以说是随处可见。有整体用夯土方式来砌筑墙体的建筑（如图5-38、图5-39）。也有较多墙体的下半部分用夯土的方式砌筑，而上半部分至屋檐或是山尖部分用土坯砌筑的建筑。这样做主要是因为，建筑的主体受力体系以木结构为主，墙体则主要是作为维护结构，在木结构完成之后，用夯土筑版的方法完成墙体的下半部分也比较方便，但接近屋顶的时候，打夯的空间变小，不易操作，故而在接近屋顶的部分又采用土坯砌筑（如图5-40）。

---

[1]　中国科学院自然科学史研究所主编《中国古代建筑技术史》，科学出版社，1985，第44页。

图 5-38 夯土山墙

图 5-39 夯土后背墙

图 5-40　夯土山墙

4. 土坯

　　用土打墙到砌筑土坯墙，被认为是一项巨大的技术进步，也是建筑材料的一大革新，它为砖的出现作了准备。土坯的砌筑技术在氏族公社时代就开始了。由于打夯土墙不够灵活，人们把土制作成小块的土坯。用土坯砌墙，施工可以灵活自如。[1] 土坯墙的制作方法简单易于操作，村民可自己动手而不必聘请工匠，使用起来也比夯土的方式更加灵活，相对经济、便利。土坯砌筑的墙体透气、隔热、保暖效果也很好。草庙岭村的传统民居中土坯的使用非常广泛。有用来砌筑院墙、围墙（如图5-41），有整体用土坯砌筑山墙和后背墙（后檐墙）的（如图5-42），也

---

[1]　中国科学院自然科学史研究所主编《中国古代建筑技术史》，科学出版社，1985，第51页。

图 5-41 土坯砌筑的围墙

图 5-42 土坯砌筑的后背墙

有墙体的下半部分用夯土，上半部分用土坯砌筑的山墙、封闭檐檩的。一些建筑除了台基与墙体极少一部分部位用砖或石材以外，墙体绝大部分使用土坯砌筑。用来分隔室内空间的隔墙也常用土坯来砌筑（如图5-43）。

图 5-43　土坯砌筑的室内隔墙

三、建筑装饰

木雕、石雕、砖雕作为传统民居建筑艺术的重要组成部分，对建筑起到保护、装饰作用的同时，还体现出主人的身份、经济实力、兴趣爱好等，也通过装饰元素的寓意来表达人们对美好生活的祈求与愿望。在草庙岭村极少能看到木雕、砖雕或石雕等装饰元素。

（一）门

传统建筑中除圣母庙的后殿、东殿、西殿使用隔扇门以外，传统民居中仅有一处在下屋使用隔扇门，其他全是板门（如图5-44至图5-46）。传统民居中房门的门墩基本都是木门墩，门框上极少数有门簪（如图5-47）。除了极少有装饰元素之外，建筑上用砖的地方也不多。

以前传统民居房屋门外侧常会用竹编的格子带图案的"风门"，屋门敞开的时候关上风门，室外就不会看到室内的情况，而在室内则可以

图 5-44　院落大门　　　　　图 5-45　上屋门　　　　　图 5-46　厢房门

图 5-47　门簪

清晰地看到院子里的情况。后来也有用竹编的"风门"来做临时搭建的厨房的房门（如图5-48）。

（二）窗

草庙岭村传统民居中的窗户都是以简洁的棂条组合成的直棂窗或是几何形态的格子窗，一部分仅窗框的部分用青砖砌筑，没有任何多余的装饰。有少数几何图案的竹窗，用于临时搭建的厨房上（如图5-49）。

（三）屋脊

豫西传统民居的屋脊形式多样、繁简不一。传统的硬山屋顶常见的有正脊和垂脊两种。正脊为前后两坡相交最高处的屋脊，具有防水和装饰功能。垂脊为在屋顶与正脊相交且向下垂的屋脊。草庙岭村的传统建筑中，圣母庙的前殿、东西殿、后殿、戏楼都有正脊和垂脊，传统民居

图 5-48 竹编的门

图 5-49 窗的几种形态

中一般只有一条正脊。传统民居中的正脊有实脊、花瓦脊两种类型。郭
家大院几座四合院的上屋、下屋、厢房的实脊常用花卉浮雕装饰，形态
华丽生动（如图5-50）。这也是传统民居中少有的装饰元素。花瓦脊在
豫西地区也非常普遍，形式活泼多变，且有效减轻了屋脊的重量，对于
稳定结构及降低造价都十分有利，不过花瓦脊在草庙岭村并不常见（如
图5-51），只是在少数20世纪70年代建造的房屋上使用。

图 5-50 实脊

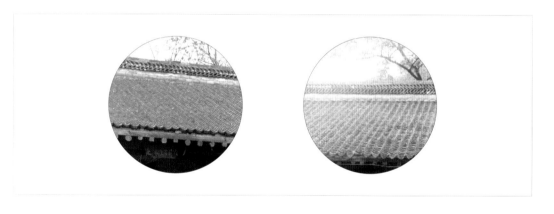

图 5-51 花瓦脊

（四）墀头

墀头是山墙伸出至檐柱之外的部分，突出在两边山墙边檐，用以支撑前后出檐，多由叠涩出挑后加以打磨而成，所以成对使用，是中国古代传统建筑构件之一。硬山墙的墀头占据了衔接山墙与房檐瓦的部分。它本来承担着屋顶排水和边墙挡水的双重作用，但由于它特殊的位置，远看像房屋昂扬的颈部，因此也是房屋主人用尽心思来装饰的地方。河南民居中墀头的装饰简繁不一，简单的全无雕饰，只叠合多层枭混线。

图 5-52　厢房的墀头　　　图 5-53　大门的墀头　　　　图 5-54　上屋的墀头

草庙岭村传统民居中的墀头也是完全没有雕饰，只是在盘头部分叠合多层枭混线，或是戗檐与上身部分向内收束，简洁而不失庄重（如图5-52至图5-54）。

（五）土地壁龛

草庙岭村传统民居中面对院落大门的厢房的山墙上没有影壁墙，一般都会在对着大门的位置开一孔壁龛，用来供奉土地爷（如图5-55）。

图 5-55 供奉土地爷的壁龛

壁龛大都是用砖砌筑框架，也都没有太多的装饰，比较简洁。村里也只有一两处壁龛砌筑出一定的建筑造型。

四、传统合院的功能空间

传统民居中居民生活所需要的空间可分为厅堂、卧室、厨房以及一些饲养、存储空间等，来满足祭祖、待客、起居、睡眠、做饭以及家庭劳动等方面的需要。传统民居院落的单体建筑中，一般以间为单位设置独立的室，即专用的房间，不同的专用空间又分配到各个单体建筑中，再按照一定的秩序、规律围合，构成一个服务于大家庭居家生活的装置。

草庙岭村的传统民居中四面围合的四合院通常由上屋、下屋、厢房构成，曾经分别承担不同的功能。大的家族分家之后开始出现功能混杂的情况，并且随着家庭情况的变化，原有建筑的功能特征变得越发模糊。我们通过详细的调查尝试还原其原有的状况并分析其空间特色。

（一）上屋

四合院的正房位于院落的中轴线上，一般正中一间作为堂屋。堂屋在民居建筑中属于礼仪空间，河南民间宅院的堂屋一般是用于敬神尊祖、祭天拜地、婚丧寿庆，也是一家人聚会、用餐、待客等的场所。当堂多放置一张方桌，富裕之家方桌后还要放置一长条几。桌两边放太师椅、圈椅之类。桌和条几靠墙，之上悬挂中堂轴。逢年过节则将祖宗牌位供于桌、几之上，有的还在墙上挂祖谱图。堂屋两边设置卧室作为长辈的居住空间。正房位于院落中的上位，是整个院落的核心建筑，只有一进院落的正房也称为上屋。

草庙岭村的村民习惯称正房为上屋。上屋一般三间或五间，奇数开间，中轴对称。在空间组织上，中间一间位于中轴线上，功能方面作为相对"公"的堂屋使用，两边是作为相对"私"的卧室使用，公私分明（如图5-56、图5-57）。

家中长辈通常居住在上屋中堂屋两侧的卧室。三开间上屋的堂屋两边各有一间为卧室，五开间上屋的两边各有两间为卧室。通过堂屋与两侧隔墙上的小门进出卧室。卧室进门迎面靠墙的位置一般会摆放橱桌。卧室中空间狭小，一般放置两张单人床，床头放箱子来储存衣物。两间大小的卧室空间相对较大，房间里还会放置柜子；一间大小的卧室里会在仅放一张床的情况下，在空置的一侧放置柜子（如图5-58、图5-59）。

图 5-56　上屋的堂屋

图 5-57 "一明两暗"堂屋

图 5-58 堂屋一侧的卧室

图 5-59　卧室的内部空间

（二）厢房

　　草庙岭村的厢房是晚辈居住的地方。厢房有二间、三间、四间三种，在空间组织上，也有功能上作为相对"公"的厅来使用的空间和功能上作为相对"私"的卧室来使用的空间。两间的厢房会一间作为"公"空间，一间作为"私"空间，也就是所谓的"一明一暗"。三间的厢房一般一间作为"公"空间，两间作为"私"空间，也就是所谓的"一明两暗"。四开间的厢房有两种情况，一种是其中三间与"一明两暗"一致，多出一间为独立的房间；另一种是两组"一明一暗"。

　　厢房的厅里也会摆放八仙桌，两侧各摆放一把靠背椅，据说也有在八仙桌后面摆放条几的情况。另外还有一种在厅里摆放柜桌来代替八仙桌和条几，两边也同样摆放两把靠背椅。

河南传统民居中坐北朝南的四合院，根据其方位将两侧厢房称为东厢房和西厢房，一般东厢房的地位高于西厢房。家里弟兄多就按排行依次居住，长子一般居住东厢房，次子居住西厢房。草庙岭村的情况也大致相同，不过还有一种更细致的说法，如果是三间的厢房，靠近上屋的一侧为上，弟兄多的时候按排行，兄居上，弟居下，中间的厅为公用的活动空间。据说后来许多家里分家时将三间房分为两半就是依据这样的原则进行的。

据村民讲，祭拜祖先的仪式每年都要举行，最初都是在上屋的堂屋里举行，大家族分化成小家庭之后，兄弟间按排行轮流在其所住房子的厅里举行祭拜祖先的仪式。祭拜祖先所用的祖轴（神布、神轴）、祖先的照片、神位等平时保管在长兄家中，过年的时候轮到哪个兄弟家承办仪式时就请来布置在其居住房子的厅里，供大家前来祭拜，时间可持续到正月十五。厢房的厅原本应该也只是承担小家庭内部的公共活动功能，后来也开始承担起堂屋的功能。

厢房中厅以外的卧室部分也是通过与厅的隔墙上的小门进出。厢房进深一般都比较浅，卧室的内部空间更为狭小。进门也是迎面靠墙的位置摆放橱桌。卧室中也是放置两张单人床，床头放箱子储存衣物（如图5-60）。仅放一张床的情况下也有的会放置柜子。

（三）下屋

北京四合院中的倒座房，由于与位于中轴线上的上屋正面相对而朝向相反，因此被称为倒座房。同样的倒座房在河南民居中，由于是位于中轴线上最外面的建筑，多紧邻大街，常被称为临街房。倒座房在草庙

图 5-60　厢房的卧室

岭村相对于上屋而言处于次要位置，所以人们常叫作下屋。据村民介绍，草庙岭村的下屋据说最早是会客的地方，因此曾经也被称作客厅，相对于上屋和厢房作为家庭成员生活起居场所的"私"空间而言，是属于涉外的"公"空间。

四合院的下屋一般有四间、五间两种。在空间组织上，在一侧一间的位置作为院落的大门和通道。位于中轴线上的一间与上屋的堂屋相对，功能方面是作为涉外的空间使用，主要是用来接待客人。两边是作为相对"私"的卧室使用（如图5-61、图5-62）。不过据说最初的卧室也是作为客房使用。

图 5-61　下屋的中间一间

图 5-62　中间一间与两边的木隔墙

有的院落还在厢房靠近下屋的一侧山墙之间建隔墙，中间开一门作为院落二门，将院落分隔出前后两个空间，将相对"公"的涉外接待空间与相对"私"的居住空间区分开来。村民认为下屋的大门与上屋的房门不能正对，从外面也不能直接看到院内及上屋的情况，所以建隔墙设置二门，二门内还有屏门或影壁来遮挡视线。

经历了几次分家之后，下屋和上屋、厢房一样几乎每栋房子都变成了几家人共同所有、使用的情况；两侧的卧室虽然仍作为各家居住的空间，不过已经失去了过去的空间秩序。院落以及建筑空间曾经相对独立的空间性格逐渐变得模糊。

（四）厨房

郭家经历了多次分家，最初大家族一起生活时期的厨房所在的位置已经难以确认。过去，大家族分家也叫分灶、分锅，因此分出几个家庭就需要几个厨房。由于彼此有着较近的血缘关系，据村民讲即便分了家，小孩子饿了谁家的饭先做好就先去谁家吃，仍然保持着比较融洽和谐的关系。

2016年我们在村里调查的时候，街南的 A-13 院、A-15 院东侧原有一排建造较早的厨房（现已拆除），据说是过去大家族分家以后，A-13 院、A-15 院的居民利用院子与东侧台地间的空地建造的，建造的时间已经难以判断，为三栋单体建筑，南北纵向排列，门朝西设。最南边的一栋开有一门由一家单独使用，中间的一栋开有三个门由三家共同使用，最北边的一栋开有两个门由两家共用（如图5-63）。

大家族分家后，人们会利用院落外围的空地建造厨房，后来也会占用院内的空间搭建厨房。再后来进一步分家之后没有空间可用的时候，

图 5-63　厨房

新的个小家庭基本都是在各自的屋檐下或是就近搭建厨房。新搭建的建筑难免破坏了四合院的原有布局及传统院落的风貌，但也留下家族发展变化的信息。

五、家具

　　草庙岭传统民居中家具的样式、功能以及使用情况都与居民的生活息息相关，同时也反映出当地的传统习俗及特色。我们将在草庙岭传统民居中见到的家具按其功能分为桌、椅、床、柜、橱、箱、其他七大类，尝试来梳理其形态及使用情况。

（一）桌

传统家具中，桌的式样很多，用途也各不相同。我们在草庙岭村见到的桌大致有以下几种。

1. 八仙桌

方桌是桌面为正方形的桌子，规格有大小之分。尺寸大可以围着坐八个人的方桌叫"八仙桌"。方桌是家中必备的家具，一般在堂屋室内居中安置，两边配置两把圈椅或靠背椅。据村民描述，堂屋作为礼仪空间，位于整个院落最核心的位置，摆放的家具规格最高。以前堂屋室内后背墙的位置都会放置条几，在条几的前方放置八仙桌。每逢婚丧嫁娶这些人生大事或祭拜祖先的时候，条几、八仙桌上会放置祖先的照片、家族历代之神主等，最前面摆放祭拜的供品等。我们所见的八仙桌，桌边框较厚，直桌腿无收分，桌面下随两边条，另有桌角下沿角上装一小块牙板，与其他两牙板成135°角，三个方向的桌牙同时装在一条腿上，共同支撑桌面，结构坚实、造型美观。与明式家具中"一腿三牙式"方桌的结构相似（如图5-64）。

2. 柜桌

条案是中国古代陈设中最常用的家具之一，是礼仪性很强的家具。[1]

---

[1] 收藏家杂志社编：《中国艺术品收藏鉴赏百科全书（五）家具卷》，北京出版社，2005，第68页。

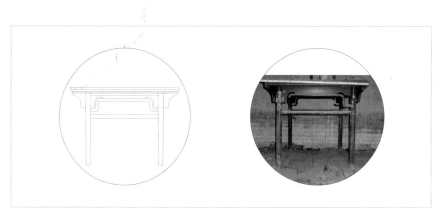

图 5-64   八仙桌

条案在草庙岭村也常叫作条几，放在八仙桌的后面，两侧各放置一把圈椅。我们在对村子进行调查的时候没有看到条几的实物，只见到一类人们称之为"柜桌"的家具，其融合了条几和八仙桌的功能，但规格要低于条几和八仙桌，一般放置在低于堂屋地位的空间里，前方两侧放置靠背椅。柜桌按其形态不同可分为高柜桌、低柜桌和带抽屉的低柜桌三种（如图5-65）。

高柜桌长约1.7米，宽约0.3米，高约0.8米。

低柜桌长约1.9米，宽约0.7米，高约0.63米，低柜桌中有一种带有抽屉，便于收纳物品。

3. 竹桌

据草庙岭村的居民讲，村里用竹子来编制竹家具的时间并不算很长。20世纪80年代南方的篾匠来到村里，利用村里的竹子资源，仿照传统的家具样式为一些居民制作了一批家具，从此才开始使用竹制家具，竹桌就是其中的一种。竹桌也是放置在堂屋室内居中的位置，代替八仙桌来使用，两边配置两把竹制的靠背椅（如图5-66）。

高柜桌

低柜桌

带抽屉的低柜桌

图 5-65　柜桌

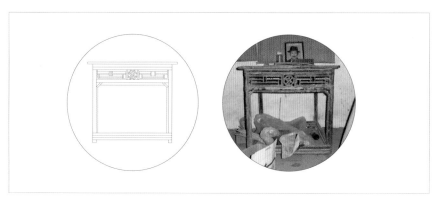

图 5-66　竹桌

4. 长方桌（平头案）

长方桌是最常用、最普通的一种桌子，因其造型简洁、坚实耐用，一直以来广受人们喜爱。我们在村里所见的被村民们称之为长方桌的传统桌子，功能上与桌相似，从形态上看具有平头案的特征。长约为宽的两倍，接近长方形，由桌面、腿、枨、牙板等组成。两端的腿不在面沿下，而是在面下两端收进一些的位置，面两端探出桌腿以外，前腿之间装单枨，前后腿之间装双枨，与明式家具中平头案的结构相似，造型简练、优美端庄（如图5-67）。

5. 简单的长方桌

草庙岭村遗存下来的传统家具并不多，尤其是郭家大院的居民人口不断增加，分家之后除了将原有的老家具进行分配以外，也必须制作一些新的家具来满足家庭生活的需要。简单的长方桌就是新做家具中重要的一种。外观形态接近传统的长方桌（平头案），四条腿支撑桌面，桌

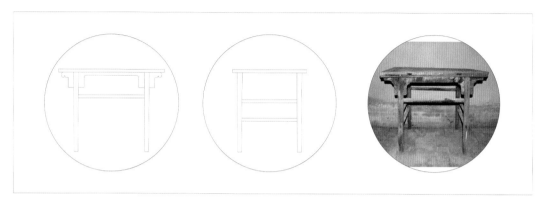

图 5-67　长方桌(平头案)

图 5-68　简单的长方桌

腿在桌面下两端收进一些的位置，桌面两端探出桌腿以外，前后及两侧各有一根或两根横枨连接。体量不大，制作相对简单，使用也比较随意灵活（如图5-68）。

（二）椅

椅子是一种有靠背或还有扶手的坐具。清代椅子的使用相当普遍，样式和大小差别很大，装饰简繁又有区别，主要分为两类，即靠背椅和扶手椅。[1] 我们在草庙岭村见到的椅子大致有以下四种。

1. 圈椅

圈椅也叫罗圈椅，是扶手椅的一种变体形式。靠背的搭脑呈圆滑的弧线，自高向低与两扶手相连成圈形。出头的扶手在端头向两侧微微扩张，呈现出外张内敛的弧形，靠背板向后凹曲。坐圈椅的人两臂正好搭在弧形的扶手上，既可以得到充分的放松，也不失端庄。因此，圈椅可以设置于厅堂之上，用于比较正式的场合。

我们在草庙岭村看到的圈椅，扶手两端也出头向外微微扩张，形态圆润，线条流畅，与搭脑构件自然连接成圈，椅圈形如马蹄状，靠背板向后弯曲形成倾角，整体造型端庄素雅，给人以舒展、顺畅、柔和的美感。座面与椅腿的结构与传统的圈椅截然不同，椅腿是一根整木经火炙使木材弯曲，形成"n"形三段的前后椅腿和座面结构。上面由横枨连接形成座面的骨架，中间填入木板形成座面。前后椅腿各有一根横枨连接，两侧各有两根横枨连接，前面的一根最低，利于足踏。圆圈的扶手部分与座面各有两根立柱连接，搭脑部分与座面部分也有两个斜立柱连接，中间加一块木板作为靠背板。草庙岭村的圈椅也是用在堂屋这样正式的空间，两把一对分列于八仙桌左右（如图5-69）。

---

[1] 陆志荣：《清代家具》，上海书店出版社，1996，第19页。

图 5-69　圈椅

2. 靠背椅

　　靠背椅是只有靠背没有扶手的椅子，靠背由搭脑与两根立柱加上中间的靠背板构成，立柱和后腿是由一根整木制作而成。草庙岭村民居中所见靠背椅均破损较为严重，仅看到一把相对完好的靠背椅，靠背板弧度柔和自然，适合人脊背的曲线。一共有六根横枨，前后各一根，两侧各两根，前面的一根最低，利于足踏。这样的靠背椅在草庙岭村也是用在堂屋这样正式的场合，两把一对分列于八仙桌或柜桌左右（如图5-70）。

图 5-70　靠背椅和靠背被锯掉的椅子

3. 小椅子

在河南常见到一种带有靠背的小椅子，前后两腿由一根木材加热处理后折成"n"形三段，前后两段即为小椅子的前后腿。上面由横枨连接形成座面的骨架，中间填入竹条形成座面。前后及两侧各有一根横枨连接，靠背有类似官帽椅搭脑形态的搭脑和两个穿过座面边框与两侧横枨相连的斜立柱以及中间的靠背板构成。草庙岭村的几乎每一户人家也都还能见到这样的小椅子。小椅子小巧轻便，方便搬动、使用随意，座面低矮舒适，靠背牢靠耐用。夏天时，一家人辛勤劳作后经常会搬出小椅子在院中纳凉聊天。冬天时，大家也常围坐在火盆边的小椅子上取暖聊天（如图5-71）。

4. 竹椅

竹椅也是在20世纪80年代南方的篾匠来到村里时利用村里的竹子资源，仿照传统的家具样式为一些居民制作的一批家具中的一种。竹椅也

图 5-71　小椅子

图 5-72　竹椅

是放置在室内居中位置的八仙桌两边，替代两把靠背椅或圈椅来使用的
（如图5-72）。

（三）床

床是可坐可卧的家具，主要供人睡眠之用。河南民居中比较常见的
有架子床、罗汉床和榻。据村民描述，架子床俗称"顶子床"，可以挂帐子，
都是摆放在上屋的内室（卧室），只有长辈才可以使用，遗憾的是在草庙
岭村传统民居的调查中未见到架子床的实物。草庙岭村全村没有双人床，
在过去所有人都是分床而睡，室内最常见的是罗汉床和单人床。

1. 罗汉床

罗汉床是左右两侧和后面装有屏板，不带立柱、顶架，长2米左右，
宽1米上下，兼坐具和卧具于一体的家具。罗汉床的整体造型类似于单
人床，主要是由床围和床身两大部分构成。

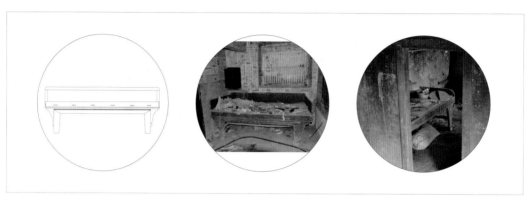

图 5-73 罗汉床

　　草庙岭村民居见到的一种单人床应属于罗汉床。由三块低矮独立的床围板和床身构成，中间的一块围板略高。床身直腿内翻呈马蹄足状，外形呈方正直线型，仅有简洁线条装饰，线条流畅、朴素大方，一般置于卧室内仅供单人使用（如图5-73）。

　　2. 单人床

　　榻和罗汉床形制相似，只是较狭窄，平时仅容一人睡卧，故古人又称"独睡"。草庙岭村传统民居中除罗汉床以外，最为普遍的就是规格与榻相近，仅供一人睡卧的单人床。单人床和罗汉床一样仅供单人使用。一般内室（卧室）的门在中间，进门两边各放一张单人床，中间留出通道，通道尽头靠墙的位置放置橱桌，单人床的床头会放置箱子（如图5-74）。

图 5-74　单人床

3. 竹床

在草庙岭村民家中还看到一种竹制的床，长约1.95米、宽约0.9米，轻巧便于移动，主要是村民在夏天纳凉、坐息的用具。竹床同样也是20世纪80年代南方的篾匠来村里时利用村里的竹子资源，和竹桌、竹椅等一起定制的家具（如图5-75）。

（四）柜

柜是用来存放物品的大型家具，也是居室中必备的家具。柜的高度大于宽度，柜顶上没有面板结构，柜门是主要看面，柜内装隔板隔层。草庙岭村能见到的有方角柜和圆角柜两种。柜子主要是放置在卧室（内室）里，由于室内空间狭小，柜子一般放在有两间大小的卧室，只有一间大小的卧室只能在仅有一张床的情况下才能摆放下。

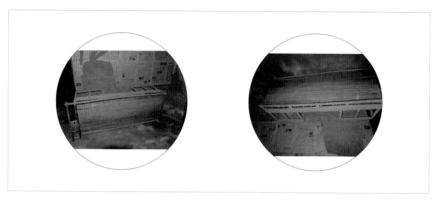

图 5-75　竹床

1. 方角柜

　　方角柜也常简称为"立柜"，顶部没有柜帽，柜体上下垂直，四角见方，上下同大，腿足垂直，没有侧脚。方角柜的柜门与柜体要用合页连接，柜门相对松动，关门须插上拉手处的插销。

　　草庙岭村传统民居中见到的方角柜外观上看被分为上、中、下三个空间。最上端的空间的看面被分为大小相近的四块，中间两块为两扇门，中间两块与两边两块之间有立柱分隔，两边的角柱与立柱有横枨分隔成上下两块空间，装两块面板，面板不能打开。中间的两扇门与两边的立柱用合页连接。柜体下面三个抽屉，抽屉下设有"闷仓"（即暗仓），取放物品要将抽屉拉出才行，有较好的隐蔽性（图5-76）。

2. 圆角柜

　　圆角柜柜顶有柜帽，柜帽的转角多做成圆弧形，上下做收分，四足侧角，柜门与边框连接不用合页，而是用门枢结构。门边上下两头伸出

图 5-76 方角柜

门轴，门轴插入臼窝，柜门就可以旋转开启闭合。上面的臼窝开在柜帽上。圆角柜的门扇有闩杆的，加锁时可把两扇门与闩杆锁在起。门扇之间无闩杆的叫"硬挤门"，门要用点力挤进去，就会关得很紧实。较小的圆角柜不设柜膛，柜门下缘与柜底平齐。有柜膛的则将柜膛设在门扇以下、底枨之上，可以增加柜的容量。

我们在草庙岭村见到的两种圆角柜，都是无闩杆的硬挤门。一种是上下不做收分，四角垂直，柜门边框也不用合页，是用门轴转动门扇。两扇门以下、底枨之上设有柜膛（如图5-77）。

另一种也是上下不做收分，四角垂直，柜门边框也不用合页，是用门轴转动门扇。门扇之下设有两个抽屉，抽屉之下还设有闷仓，可存放收纳贵重物件（如图5-78）。

（五）橱

橱是桌案与柜的结合体，一般认为橱比柜小些，宽度大于高度，顶部采用面板结构，既可当桌案摆放物件，又可存放物品。橱根据形制的

图 5 77　有柜腔的圆角柜

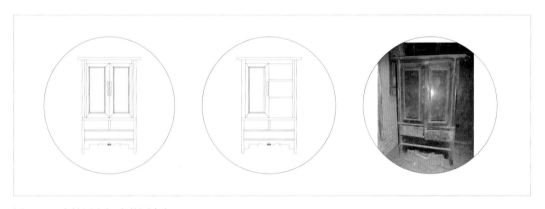

图 5-78　有抽屉和闷仓的圆角柜

图 5-79　闷户橱（柜橱）

不同主要分为闷户橱和柜橱两类。

1. 闷户橱

闷户橱是桌案与橱的结合，具备承置物品和储存物品的功能。闷户橱的抽屉下设有闷仓，故名"闷户橱"。闷户橱一般按抽屉的多少来命名，两个抽屉的叫"联二橱"，三个抽屉的叫"三联橱"。闷户橱既能储存物品亦可作桌案，非常实用，是河南民间最常见到的家具之一，也是草庙岭村民家中最重要的家具之一。用村民的话说，一般摆在内室，存放稀罕之物。

草庙岭村常见到的闷户橱有两种形式，一种是除了在抽屉下设闷仓，闷仓以下空间又设计成一个大的柜体，正面安柜门，村民们多称之为"柜橱"（如图5-79）。还有一种是除了在抽屉下设闷仓以外，闷仓以下没有利用，而是在两桌腿的外侧与桌面板下方的夹角处各自设计了一个小而深的小抽屉，平时用来放一些针头线脑、顶针之类的细碎之物，村民们也多称之为"橱桌"（如图5-80）。

图 5-80　橱桌

2. 柜橱

　　柜橱是由闷户橱演变而来的一种橱子，不属于闷户橱，抽屉下没有闷仓，抽屉以下空间设计成一个尽可能大的柜体，正面安柜门，在草庙岭村也常被人称为"橱桌"，与带闷户橱的橱桌在叫法上没有明确的区分。柜橱也有两种形式：一种是桌腿在桌面四角下方，桌面下方有两个抽屉，抽屉以下空间设计成一个大的柜体，正面安门（如图5-81）。另一种是两桌腿的内侧还有两根立柱，桌面板下方两桌腿与两立柱之间也各自设计了一个小而深的小抽屉，用来放一些零碎之物，桌面以下其余的部分为一个整体大空间，正面安两扇门（如图5-82）。

图 5-81　柜橱

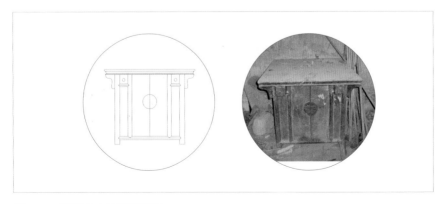

图 5-82　两侧有小抽屉的柜橱

（六）箱

箱是用来收藏物品、存储衣物的家具，一般体型不大，两边装配提环，便于移动。箱子是居室中必不可少的贮存家具，也是草庙岭村最为重要的家具之一。箱的制作是将窄薄木板拼成大板，然后用榫卯结构制成一个六方体木箱，将表面刨光之后，再将木箱锯开，一部分作箱盖，一部分作箱体。这种制作方法不仅节省工时，还可保证箱盖和箱体大小一致、严丝合缝，密封防尘效果特别好。

草庙岭村传统民居中的箱子一般是安置在内室的床头，晚上睡觉时离得最近，贵重物品一般也都放在箱子里（如图5-83）。

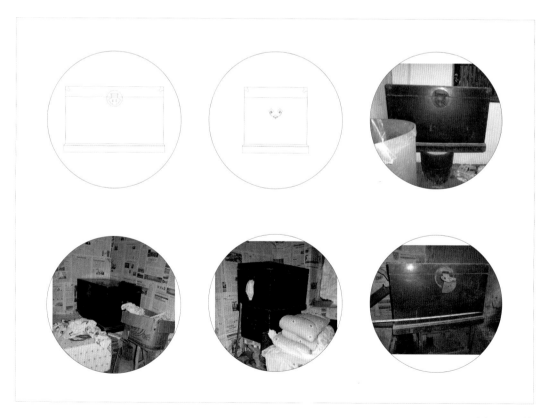

图 5-83　箱

（七）其他

1. 壁龛

豫西地区的传统民居墙壁都比较厚，一般在35～55厘米。草庙岭村传统民居常见的外墙墙体厚度一般在52厘米左右，最厚的达到65厘米左右。由于墙体较厚，可以在墙上合适的位置，根据需要开出大小不同的壁龛。壁龛可分出两层至多层来分类储存物品，也可以装上门、锁来放置一些相对重要的物品。最常见到的就是开在室内屋门的两侧，还有卧室床头或床的一侧，便于收纳一些贴身的物品。壁龛可代替家具，又避免占用室内的空间，可化解室内空间狭小的问题，而且宜制作、成本低，因此应用也最为广泛（如图5-84）。

2. 脸盆架

脸盆架是用于放置洗脸盆的家具。脸盆架是河南农村中较为常见的家具，一般摆放在室内刚进门的一侧，便于出门洗脸、进门洗手。脸盆架分高、矮两种。矮的脸盆架大多单纯放洗脸盆，高脸盆架是洗面巾架和盆架的结合。在草庙岭村见到的高脸盆架为六足，最里面的两足和挂洗面巾的立柱连做成为巾架，中间雕有装饰图案，最上面的横档用来挂洗面巾，两端出挑，雕有吉祥装饰。但像这样造型美观、做工精美的脸盆架并不普及，除了少有的遗存以外，其他都较为朴素。另外也有少数是20世纪80年代南方篾匠仿照传统样式制作的一种竹制的脸盆架（如图5-85）。

图 5-84 壁龛

图 5-85 脸盆架

3. 火盆架

过去，河南农村往往是烧柴火做饭，很多人家冬天做完饭，会把灶膛里还没有烧尽的柴火扒出来放到火盆里，或是用柴火在火盆里生火放在屋里取暖。家里来了客人也会招呼客人赶紧烤火驱寒。火盆就成了冬日取暖不可缺少的器物。除了取暖之外，也用来烘烤衣物等。至今，豫西地区农村很多人家里还保留着火盆。

草庙岭村至今也还遗留有不少的火盆，还有专门为火盆而制作的木质火盆架。金属制的火盆生火以后放置在木质的火盆架上，可以起到防止烫伤的作用，同时也便于火盆的移动。(如图5-86)。

火盆架上还可以架上铁篦子，烤火闲聊的时候在上面放上馒头、花生等食物，边烤边吃边聊天，别有一番滋味。烤火不止可以取暖，还是增进人与人情感交流的媒介，已经成为很多人难忘的回忆。

4. 提盒

提盒是一种用来盛放物品的器物，用于送饭、送礼等，由对称的提梁托着若干个盒子。

草庙岭村民居中所见的提盒当地叫"礼盒"，是长方形攒框做成底座，两侧竖立柱，上装横梁提手。构件相交处嵌装铜叶加固，提手两侧雕刻有木雕图案。盒子有5层，上面有盒盖，下层盒底落在底座槽内（如图5-87）。

提盒一般作为婚嫁、小孩子满月时用的礼盒，在礼仪中扮演着重要的角色。据村里的老人说，结婚的时候礼盒每一层摆放的东西也不一样，会摆放礼金、衣服、酒肉、点心等，盖上盖后由两人用木棍共同抬着。

图 5-86 火盆架

图 5-87 提盒

办丧事时也会用到礼盒，里面摆放供品，送殡时，还有祖先去世三周年举行仪式时使用。

据说大家族分家之后，长门、二门（前后院）都有各自的礼盒，为家族共有共用的物品。有时候在同一天如有几家同时举行仪式活动时，也会相互借了使用。

第六章　草庙岭的保护与发展

一、草庙岭村的发展现状

我国的历史建筑保护经历了从单个建筑保护到群体保护的过程。民居建筑文化遗产保护从具有重大价值的单体建筑（建筑群）发展到反映传统文化、地方特色的片区（村、镇），再到注重物质文化保护和非物质文化活态传承的传统村落，通过法律、行政手段将其纳入了较为完整的保护体系之中。然而仍有不少未被深入发掘、解读的案例。在村落"千村一面"发展趋势下，充分认识传统村落的价值，挖掘、尊重其自身的特质，将为传统村落的保护及持续发展指明方向。

草庙岭村传统村落范围内原有居民400余人。随着时代的发展，一部分居民因外出打工、孩子上学等原因陆续离开。2011年夏季，受连阴雨影响，郭家大院所在的台地西侧出现严重的滑坡，西侧的寨墙和台地边缘的部分建筑出现不同程度的损坏，其他台地上的建筑也受到不同程度的影响，考虑到居民的生命财产安全，村里不得已将在住的居民迁居到西侧岭下新的区域居住。目前草庙岭行政村中位于岭上第一、第二生产队的居民仅剩9户，20多人在住，大多是60岁以上的老人，"空心化"问题严重。

随着传统村落保护工作的推进，郭家大院建筑群逐渐开始得到相应的修缮，然而传统村落、传统建筑中积淀的历史文化信息、历史痕迹也将淡去，令人担忧。

二、草庙岭村的价值所在

草庙岭村地处伏牛山脚下、云梦岭上，整个村落被绿树环抱，四周梯田层层，错落有致，环境怡人。

以血缘关系联结的社会群体通过营造不同功能的建筑，围合构建满足大家族群体使用的生活空间。院落空间功能划分、建筑功能设计明确，满足了大家族群体生活主从、长幼有序，尊卑分明的秩序化需求。随着社会的发展以及大家族的分化，原有的居住空间不能适应新的生活方式、家庭生活的需要，在物质资源相对匮乏的条件下，就地取材、合理利用既有资源，陆续营造出适应新生活的居住生活空间、生活要素，形成并沿袭了自身传统风貌统一的特征，表现出自身的特色，是构成草民岭村传统民居特色的核心元素。

郭家大院经历了180余年的建设，至今保存相对完整，较为清晰地展示出在一定社会历史环境里，特定的生活方式下由共同的人群所构建的生活空间及随社会关系、生活方式、家族关系、家庭结构等的变化而不断发展演变的历史轨迹，是草庙岭村重要的无形文化遗产。

草庙岭村是进一步研究豫西民居地域特色的珍贵实物样本。

三、草庙岭村的保护与发展思考

传统村落里人们是怎么生活的？人们为什么要这样生活？生活发展的未来趋势是什么？必须通过不断的发现与探索，才能指导人们更好地生活，但也应尊重传统村落的现状、村民现有的生活方式以及村民的意愿。

　　村落保护与发展应坚持特色发展、差异化发展。在后续的发展过程中应当重视与依托珍贵的历史、建筑文化资源，充分认识传统建筑遗产的自身价值。不断深入梳理与建筑营造、发展、演变的脉络以及与其相关的文化传统，深入发掘并传承优秀传统文化、适应改造环境的智慧、生活的智慧等，达成并传递村落核心价值的共同认知，不断探索传统村落自身适宜的理想保护与发展之路。

后　记

对于草庙岭村的调查工作，最早开始于2016年4月，由于多方原因，工作时断时续，调查工作进行艰难，但无论怎样我们的目标始终明确，陆续进行了十余次较为细致的调查，最终得以完成书稿。书中力求客观论述草庙岭的信息，为村落留下宝贵的原真性资料。由于水平有限，难免有疏漏和不当之处，欢迎广大读者批评指正。

在调研工作进行期间，得到了各方面的帮助和支持，借此机会刊出，以示感谢。

首先感谢所在单位郑州轻工业大学为我们提供了宽松的科研平台和良好的科研条件，郑州轻工业大学研究生处、艺术设计学院等部门对研究工作给予了极大的关心和支持。感谢参与调查的郑州轻工业大学艺术设计学研究生戴问源、员丽娜、张梦迪同学，参与调研的郑州轻工业大学艺术设计学院及国际教育学院的王银旗、杨海、黄振强、谢榆佺同学。

特别感谢草庙岭村朴实、热情的村民们，特别是郭小娥、彭金娥、郭耀钢、郭自勇、郭玉芹、郭彩霞等为我们提供了最大的工作便利以及生活支援，使我们倍感亲切及精神鼓舞。

研究工作得到了河南省住房和城乡建设厅领导及专家的帮助与指导，得到了洛阳市政协和洛宁县人大的大力支持，以及洛宁县住房和城乡建设局的支援与帮助。

还有一直默默支持着我们的亲人和朋友。

本书以及相关的前期研究与后期工作还得到了以下项目的支持：河南省哲学社会科学规划项目（2019BYS027），河南省教育厅人文社会科

学研究基金（2013-ZD-098、2019-ZZJH-603），郑州轻工业大学博士科
研启动基金(2013BSJJ070)，郑州轻工业大学研究生科技创新基金（2015、
2016、2017、2018年度）等。

在此一并表示衷心的感谢！

宗迅

2022年4月